本書の特長と使い方

STEP1 要点まとめ編で頻出ポイ

重要テーマを厳選しました。

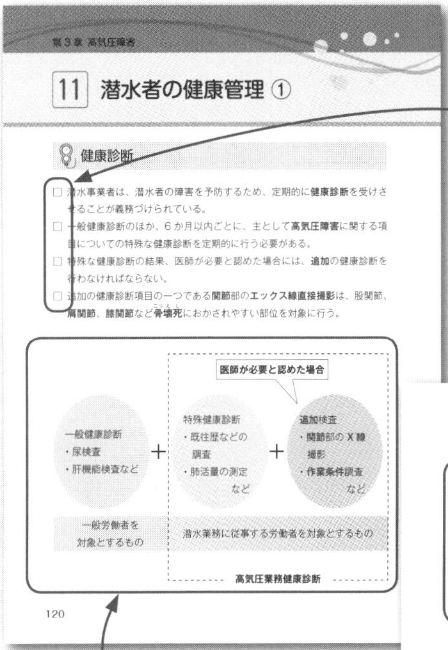

11 潜水者の健康管理 ①

健康診断

- □ 潜水事業者は、潜水者の障害を予防するため、定期的に**健康診断**を受けさせることが義務づけられている。
- □ 一般健康診断のほか、６か月以内ごとに、主として**高気圧障害**に関する項目についての特殊な健康診断を定期的に行う必要がある。
- □ 特殊な健康診断の結果、医師が必要と認めた場合には、**追加**の健康診断を行わなければならない。
- □ 追加の健康診断項目の一つである**関節**部の**エックス線直接撮影**は、股関節、**肩関節**、**膝関節**など**骨壊死**《こつえし》におかされやすい部位を対象に行う。

チェック欄
理解した要点ポイントや、覚えきれない要点ポイントにチェックをつけながら学習してください。

図表で分かりやすくまとめています。

イラストでイメージがわきやすくしています。

●その他の潜水器具

□ 全面マスク潜水器は、ヘルメット式潜水器より**少ない**送気量で潜水できる。

付属の**赤シート**を活用して効率よく覚えられます！

STEP2 よく出る問題編で頻出項目を攻略

過去の公表問題をベースに、よく出るテーマの問題を一問一答形式にしています。繰り返し解いて、確実に答えられるようにしましょう！

解説文では、ポイントとなる用語は付属の**赤シート**で隠れるようになっているので、穴埋め問題としても活用できます。

チェック欄
正解した問題や苦手な問題にチェックをつけて、繰り返しの学習に役立ててください。

本書の内容は、原則として 2023 年 4 月 1 日現在の法令等に基づいて編集しています。また、編集時点以降の法令改正情報等は本書専用ブログ（本書最終ページにアドレスを記載）でフォローしています。

潜水士試験ガイダンス

【注意】ここに記載された情報は、原則として本書編集時点のもので、変更されることがあります。試験に関しましては、**事前に必ずご自身で試験実施団体が発表する最新情報をご確認ください。**

■受験資格

不要。（ただし、免許の交付は 18 歳以上）

■試験科目・試験時間・出題形式

試験科目	出題数（配点）	試験時間
潜水業務	10 問（30 点）	4 時間（休憩なし）
送気、潜降及び浮上	10 問（25 点）	
高気圧障害	10 問（25 点）	
関係法令	10 問（20 点）	

※マークシート試験のみ、実技試験は無し。

出題形式：五肢択一形式

■合格基準

科目ごとの得点が 40%以上で、かつ、総合点が 60%以上必要となります。

試験に関する詳細は、下記実施団体のホームページでご確認ください。

公益財団法人 安全衛生技術試験協会
〒 101-0065　東京都千代田区西神田 3-8-1
千代田ファーストビル東館 9 階
TEL　03-5275-1088
HP　https://www.exam.or.jp/

CONTENTS

CONTENTS

要点まとめ編

1 圧力 ①

圧力の単位

□ 単位**面積**（例えば 1cm^2 や 1m^2 など）あたりに垂直方向に作用する**力**を**圧力**という。

● Pa（パスカル）

□ 計量法により、圧力の単位は国際単位系（SI）を使用する。

世界共通で使われる単位の体系。
「kg（キログラム）」「m（メートル）」
「A（アンペア）」なども SI である。

□ 圧力の SI は、**Pa**（**パスカル**）である（詳しくは p.10、11）。

● bar（バール）

□ **bar** も圧力の単位の一つである。

□ SI ではないが、かつての日本や欧米でよく使われた。

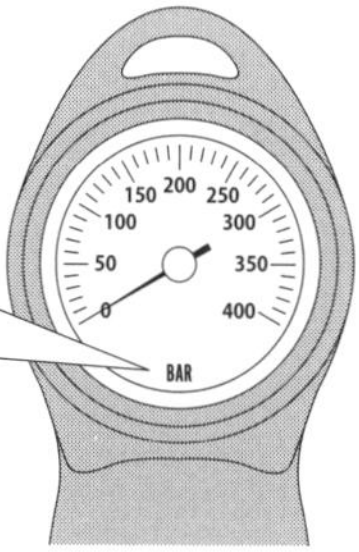

●気圧（atm）

□ 気圧（atm（＝ atmosphere《大気圧》の略））は、**海面**を基準とした大気の重さである。

□ 気圧は**大気の重さ**（空気に働く重力）の単位であり、圧力の単位そのものではないが、Pa との換算が簡単である（下記）ことから、便宜上、圧力の単位として利用されている。

海面の気圧＝ 1 気圧（atm）≒ 約 0.1MPa《メガパスカル》
（約 100kPa《キロパスカル》）

正確には
約 0.1013MPa
（約 101.3kPa）

※ MPa、kPa についてはp.10 － 11 参照

1 気圧を、もっとも馴染みのある重さの単位 kg で表すと、1.033kg/cm^2 となります。1cm^2 あたり約 1kg です。私たちは海面で、1cm^2 あたり約 1kg の大気の重さを受けています。このことは水深と水圧（p.13）のところでもまた出てきます。

● MPa（メガパスカル）と bar（バール）・気圧（atm）の関係

1bar ＝ 0.1MPa ≒ 1atm

例　圧力計が 50bar を示している場合、SI（国際単位系）に換算すると **5**MPa となる。また、気圧の単位に換算するとおよそ **50**atm となる。

解答へのヒント

圧力単位の換算

1 気圧（atm）は、正確には約 0.1013MPa なので、50bar ＝ 5MPa ＝約 49.358atm となります。しかし、五肢択一式の試験では、そこまで正確な数値を導き出さなくても正解にたどり着くことができます。

1 気圧（atm）≒約 **0.1**MPa とすると、上の例でいえば、50bar ＝ 5MPa ≒約 50atm となります。

2　圧力②

ここでは、Pa（パスカル）という単位について、説明します。
少しでもイメージがわくと見え方が変わってくるかもしれません。

Pa（パスカル）	**1Pa ＝ 1m^2 当たり 1N（ニュートン）の力**

「パスカル」という単位、どこかで耳にしたことがありませんか？

そうです、天気予報です。

特に台風がどのくらいの強さなのかを伝えるときに、「中心の気圧は945hPa（ヘクトパスカル）」などと使われていますね。

hPa は、Pa の仲間です。

例えば、mm（ミリメートル）にも、より大きな長さを表す仲間として、cm（センチメートル）や m（メートル）があるように、Pa にもより大きな圧力を表す仲間がいて、hPa はその一つなのです。

Pa の主な仲間は以下のとおりです。

Pa	hPa	kPa	MPa
パスカル	**ヘクトパスカル**	**キロパスカル**	**メガパスカル**

このうち、潜水でよく使われるのは、**kPa** と **MPa** の２つです（ちなみに、hPa は気象学で使用されることがほとんどです）。

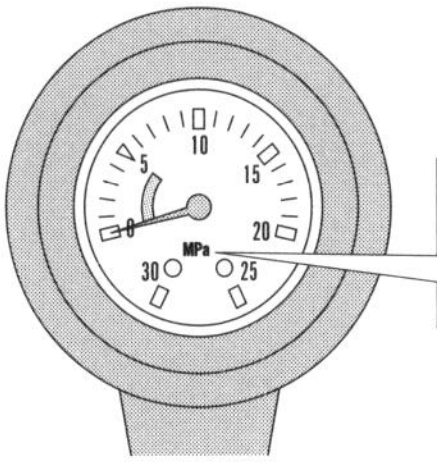

残圧計（p.82 参照）。圧力の表示単位に **MPa（メガパスカル）**が使われています。

大きさの関係は、次のとおりです。

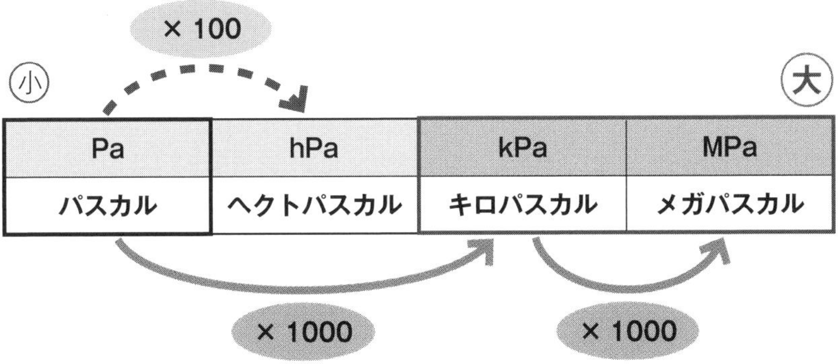

「hPa」「kPa」「MPa」の「h」「k」「M」のように、基本単位（この場合「Pa」）の前についている英字を接頭辞といいます。接頭辞は 10^{χ}（10 の χ 乗）を表します。例えば、「k」は 10^{3}（＝ 1000）を表す接頭辞ですので、1km ＝ 1000m、1kg ＝ 1000g と同様、1kPa ＝ 1000Pa を表します。

どの接頭辞の単位が使われるかは、対象物によります。

例えば「駅までの距離」を「1000m」というよりも「1km」という方が一般的なのは、「0」がたくさん並ぶと分かりづらくなるからです。

上のような、残圧計では「**MPa**」（メガパスカル）が使われます。
1MPa ＝ 10^{6}（10 の 6 乗＝ 100 万）Pa ですから、残圧計の圧力は大変大きな（高い）圧力を表しているということがわかりますね。

3　圧力③

ゲージ圧力と絶対圧力

□ 圧力の表記には、ゲージ圧力と絶対圧力の2つの方法がある。

ゲージ圧力		絶対圧力
ゲージ（gauge ＝計量器）の表示に使われる圧力	意　義	完全な真空（**絶対**真空）を基準とした圧力
海面 0m （大気圧＝ 1atm）	基　準 （**何を 0 とするか**）	**絶対**真空 （0atm）
• **残圧**計 • **水深**計 • 空気槽（調節空気槽・予備空気槽）の圧力計	主な使用箇所	• 天気予報（気象学） • **大気圧**（1atm） • 混合気体（ガス）の分圧（p.26）

◆ゲージ圧力と絶対圧力の関係

絶対圧力＝ゲージ圧力＋大気圧（1atm（0.1MPa））

ゲージ圧力＝絶対圧力－大気圧（1atm（0.1MPa））

例1　ゲージ圧力が 2atm のとき、絶対圧力は **3**atm である。
2atm ＋ **1**atm ＝ **3**atm

例2　ゲージ圧力が 0MPa のとき、絶対圧力は **0.1**MPa である。

水深と水圧

□ 潜水において、ゲージ圧力は**水圧**の大きさに相当する。

□ 水圧とは、**水中**で身体にかかる圧力をいう。

□ **海**水では、水深が **10**m 増すごとに、水圧は **1** 気圧（**1**atm）ずつ増す。

◆水深ごとのゲージ圧力（水圧）と絶対圧力（水圧＋大気圧）

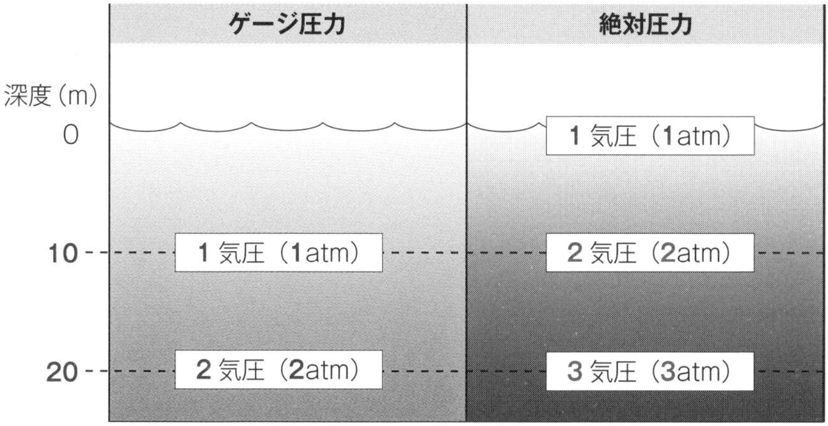

解答へのヒント

気圧と海水・淡水

気圧は換算がしやすいことから、便宜上、圧力の単位として使われます。もっとも、「便宜上」ですから、誤差があり、p.9 の通り、kg で換算すると、大気の重さ（1atm）は **1.033**kg/cm^2 です。

一方､海水の重さ（水圧）は **1.025**kg/cm^2（水深 10m）です。誤差は 0.008kg/cm^2。このくらいの誤差であれば、どちらも約 1kg としてもかまいません。そこで水深 10m あたり 1atm と扱われています。

そして、淡水の重さ（水圧）はピッタリ **1**kg/cm^2（水深 10m）。塩分が含まれている分、海水の方が重いのです。**1**kg/cm^2 ですから、淡水も水深 10m あたり 1atm と扱われます。しかし､同じ 1atm でも､受ける圧力(重さ)はわずかに異なり、**大気圧**＞**海水**＞**淡水**であることは覚えておきましょう。

4　圧力④

流体における圧力の伝播

●基本的性質

□ 流体の圧力の伝播に関しては、２つの基本的性質がある。

❶ **等方性**

…静止する流体に加えられた圧力は、**あらゆる**方向に**等し**く伝えられる。

❷ **垂直性**

…圧力は、静止する流体に接する、あるいは流体内に存在する物体の面に対して、常に**垂直**に作用する。

●パスカルの原理

□ 基本的性質❶❷に基づいて、**パスカルの原理**が導かれる。

1 **密閉**容器の一部に加えられた圧力は、**密閉**容器内の流体に、**そのままの強さ**で、**全ての**方向に**等し**く伝えられる。

2 1の圧力は、流体に接する、あるいは流体内に存在する物体のあらゆる面に対して常に垂直に**作用**する。

潜水中、水圧によって体が押しつぶされないのは、パスカルの原理によります。

●パスカルの原理の計算

例　水で満たされた直径の異なる2つのシリンダが直結している右の図の装置で、ピストンAに2Nの力を加えた場合、ピストンBには何Nの力が作用するか。

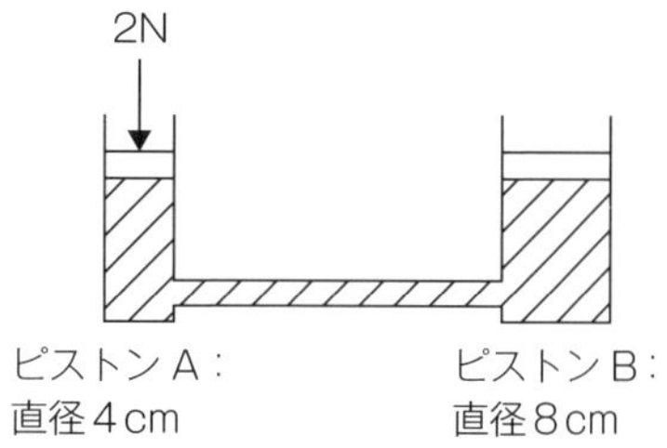

図のシリンダは密閉容器であり、内部が静止した**流体（水）**で満たされた状態で、その一部に力（圧力）が加えられていることから、**パスカルの原理**の問題であると分かります。

1 ピストンAに作用する圧力を出す

パスカルの原理1により、「ピストンAに作用する圧力＝ピストンBに作用する圧力」であるから、ピストンAに作用する圧力を導き出す。

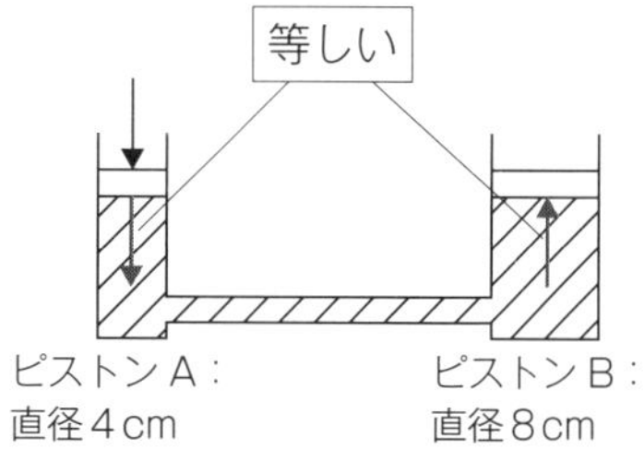

❶「圧力＝単位面積当たりの力の大きさ」であることから（p.8参照）、ピストンAの面積を求める。

半径 2cm ×半径 2cm ×π＝4π cm^2

❷「圧力＝単位面積当たりの力の大きさ＝**力の大きさ**(N) / **面積**(cm^2)」であるから、

圧力＝2/4π＝1/2π

2 ピストンBの面積を出す

半径 4cm ×半径 4cm ×π＝16π cm^2

3 ピストンBの圧力を出す

1/2π＝x /16π

x＝8

「ピストン**A**に作用する圧力＝ピストン**B**に作用する圧力」

答え　8N

5 気体の法則 ①

□ 気体は、**体積**、**圧力**、**温度**により特徴づけられ、一定の関係が成り立つ。

ボイルの法則 -1

□ **温度**が一定のとき、気体の**体積**は**圧力**に反比例する（ボイルの法則）。

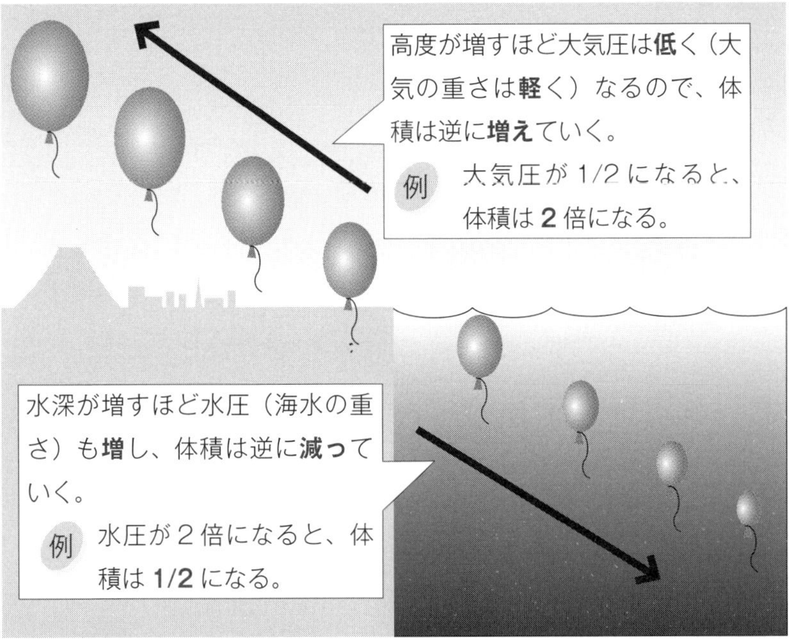

□ ボイルの法則を式に表すと、次のようになる。

ボイルの法則❶

$$PV = \text{一定}$$

P ＝圧力
V ＝体積

□ ボイルの法則は、圧力が $P_1 \rightarrow P_2$ へ変化した場合の体積を $V_1 \rightarrow V_2$ として式に表すと、次のようになる。

ボイルの法則❷

$$P_1V_1 = P_2V_2$$

P_1 ＝変化前の圧力
P_2 ＝変化後の圧力
V_1 ＝変化前の体積
V_2 ＝変化後の体積

試験では、圧力が変化した場合の体積を問う問題が多いので、「**ボイルの法則❷**」を使うことが圧倒的に多いです。
ただ、過去には「**ボイルの法則❶**」をズバリ問う問題も出題されていますから、頭の片隅に置いておきましょう。

●ボイルの法則の基本

例　大気圧下で3Lの空気は、水深10mでは何Lになるか。

大気圧下 → 1atm　3L → V_1　水深10m → 2atm　何L → V_2

p.13参照。
㊟ボイルの法則では**絶対**圧力を使う

$$P_1 \quad V_1 = P_2 \quad V_2$$

$$1 \times 3 = 2 \times V_2$$

求めるもの（V_2）を左側へ持ってくると計算しやすい。

$$2V_2 = 3$$

$$V_2 = 1.5$$

3÷2で求められる

答え　1.5L

6 気体の法則 ②

ボイルの法則 -2

●ボイルの法則の実践

例　大気圧下で15Lの空気を注入したゴム風船がある。このゴム風船を水深20mの水中に沈めたとき、ゴム風船の体積を15Lに維持するために、大気圧下でさらに注入すべき空気の体積は何Lか。

この問題は、以下のように、前半と後半に分けて考えることが必要です。

大気圧下で15Lの空気を注入したゴム風船がある。このゴム風船を水深20mの水中に沈めたとき、

ゴム風船の体積を15Lに維持するために、大気圧下でさらに注入すべき空気の体積は何Lか。

（大気圧下で15Lの空気を注入した）　（水深20mの水中に沈めたとき何L）

$$P_1 \quad V_1 = P_2 \quad V_2$$

$$1 \times 15 = 3 \times V_2$$

(atm)　(L)　(atm)　(L)

$$3V_2 = 15$$

$$V_2 = 5 \quad \text{(L)}$$

詳細な解き方は、p.17例参照。

ゴム風船は水深20mで体積5Lになってしまう。

体積を 15L に維持するためには、あと 10L の空気が必要
(15 − 5 = 10)

(水深 20m で 10L の空気が必要)

(**大気圧下** で 何 L の空気を注入すべきか)

ポイントは、水深 20m ではあと 10L の空気が必要ですが、大気圧下では何 L の空気を注入すべきかという点です。問題文で問われている「**大気圧下で注入すべき**」空気の体積を求めるためにはどうすべきでしょうか？

再びボイルの法則を用いる

$$P_1 \quad V_1 = P_2 \quad V_2$$

$$\underset{(\mathrm{atm})}{3} \times \underset{(\mathrm{L})}{10} = \underset{(\mathrm{atm})}{1} \times \underset{(\mathrm{L})}{V_2}$$

$$V_2 = 30 \ (\mathrm{L})$$

答え 30L

▶▶▶ **なるほどワード** *P*、*V*

物理ではいろいろな法則が式で表されます。ボイルの法則では、圧力を *P*、体積を *V* で表しますよね。こうした記号は、その英語の**頭文字**からとられることが多いです。例えば

- 圧力 = **P**ressure（*P*）
- 体積 = **V**olume（*V*）
- 温度 = **t**emperature（*t*）、**T**emperature（*T*、絶対温度 p.21）

といった具合です。そのため、例えば *t* は時間（= **t**ime）のことを表すこともあるなど、同じ記号が使われることがあるので注意しましょう。

7 気体の法則 ③

シャルルの法則

□ **圧力**が一定のとき、気体の**体積**は**温度**に比例する（シャルルの法則）。

温度が上がるほどやかんの中の空気は**膨ら**む（体積が**増え**る）
↓
やかんの蓋が持ち上げられる

温度が下がるとお椀の中の空気が**しぼ**む（体積が**減**る）
↓
お椀のふたがくっつく

□ シャルルの法則を式に表すと、次のようになる。

シャルルの法則❶

$$\frac{V}{T} = \text{一定}$$

T ＝絶対温度
V ＝体積

□ シャルルの法則は、温度が $T_1 \rightarrow T_2$ へ変化した場合の体積を $V_1 \rightarrow V_2$ として式に表すと、次のようになる。

シャルルの法則❷

$$\frac{V_1}{T_1} = \frac{V_2}{T_2}$$

V_1 ＝変化前の体積
V_2 ＝変化後の体積
T_1 ＝変化前の絶対温度
T_2 ＝変化後の絶対温度

▶▶▶ なるほどワード 絶対温度

普段日本で使われている温度（°C）はセルシウス温度といい、水の性質を基準にしています（凍る温度＝ 0°C、沸騰する温度＝ 100°C）。

一方、シャルルの法則で使われる**絶対温度**（K（**ケルビン**））は、熱による分子運動が完全になくなる温度を 0K としています。

絶対温度とセルシウス温度の関係は以下のとおりです。

絶対温度（K）＝セルシウス温度（℃）＋ 273

●シャルルの法則の計算

例　気温 25℃で体積 6L の風船は、　気温 10℃では何 L か。

絶対温度にするために **273** を足す → 298

絶対温度にするために **273** を足す → 283

$$\frac{V_1}{T_1} = \frac{V_2}{T_2}$$

$$\frac{6}{298} = \frac{V_2}{283}$$

$$\frac{6}{298} \times 283 = \frac{V_2}{283} \times 283$$

$$V_2 = \frac{1698}{298} \fallingdotseq 5.7$$

V_2 を求めるには右の辺が V_2 だけになるようにすればよいことから、両辺に右辺の分母の逆数 283 をかける。

答え　約 5.7L

8 気体の法則 ④

ボイル - シャルルの法則

□ 気体の**体積**は、**圧力**に反比例し、**温度**に比例する（ボイル - シャルルの法則）。

ボイルの法則とシャルルの法則を合わせたものが、**ボイル - シャルルの法則**です。潜水では、圧力も温度も変化することが多いので、ボイル - シャルルの法則はよく使われます。

□ ボイル - シャルルの法則を式に表すと、次のようになる。

ボイル - シャルルの法則

$$\frac{P_1V_1}{T_1} = \frac{P_2V_2}{T_2}$$

P_1 ＝変化前の圧力
P_2 ＝変化後の圧力
V_1 ＝変化前の体積
V_2 ＝変化後の体積
T_1 ＝変化前の絶対温度
T_2 ＝変化後の絶対温度

□ 圧力や温度を中心にすると、以下のように言い換えることができる。

- **圧力**は、気体の**温度**に比例し、**体積**に反比例する。
- **温度**は、気体の**圧力**と**体積**に比例する。

●ボイル - シャルルの法則の計算

例　内容積 15L のボンベに空気が温度 18℃、圧力 20MPa（ゲージ圧力）で充填《じゅうてん》されている。このボンベ内の空気が 44℃に熱せられたときのボンベ内の圧力（ゲージ圧力）は何 MPa か。

変化前

P_1（圧力）＝ 20MPa
V_1（体積）＝ 15L
T_1（絶対温度）＝ **291**K

→

変化後

P_2（圧力）＝？
V_2（体積）＝ **15**L
T_2（絶対温度）＝ **317**K

ボンベの内容積は温度による変化**なし**

絶対温度にするために **273** を足す

ボイル - シャルルの法則に数値をそれぞれ当てはめる

$$\frac{20 \times 15}{291} = \frac{15P_2}{317}$$

ボイル - シャルルの法則

$$\frac{P_1V_1}{T_1} = \frac{P_2V_2}{T_2}$$

$$P_2 \fallingdotseq 21.787$$

答え　**約 21.787**MPa

解答へのヒント

ボイルの法則とシャルルの法則とボイル - シャルルの法則

ボイルの法則とシャルルの法則、ボイル - シャルルの法則はそれぞれ重要な法則ですが、式は別々に覚える必要はありません。ボイル - シャルルの法則さえ覚えておけば、残りの 2 つは導き出すことができるからです。

例えば、温度（T）が一定の場合、両辺の T を削除すると…

$$\frac{P_1V_1}{\cancel{T_1}} = \frac{P_2V_2}{\cancel{T_2}} \rightarrow P_1V_1 = P_2V_2$$（ボイルの法則）

同様に、圧力（P）が一定の場合、両辺の P を削除してみると…

$$\frac{\cancel{P_1}V_1}{T_1} = \frac{\cancel{P_2}V_2}{T_2} \rightarrow \frac{V_1}{T_1} = \frac{V_2}{T_2}$$（シャルルの法則）

万能なボイル - シャルルの法則をしっかり覚えておきましょう！

9　気体の法則 ⑤

気体の密度と圧力の関係

□ 気体の**密度**は、**圧力**に比例する。

▶▶▶ なるほどワード　密度

密度とは、「単位体積（cm^3、m^3 など）あたりの重さ（質量)」です。

密度は「大きい（高い）」「小さい（低い）」といった表現で、比較することができます。例えば「海水の方が、淡水よりも密度が大きい」などと使われます。

では、例えば、2 つの石 A と石 B があり、密度の大きい方が高価だとします。石 A は 20cm^3 の体積で 55g の重さ、石 B は 250cm^3 の体積で 600g、どちらが高価でしょう。

石の密度は、重さ÷体積でわかります。

石 A　55g ÷ 20cm^3 = 2.75　g/cm^3

石 B　600g ÷ 250cm^3 = 2.4　g/cm^3

となり、石 A の方が密度が大きく高価なことがわかります。

密度は、このように、大きさの違うものについて、**同じ大きさ**（体積）あたりの**重さ**（質量）を比較することができます。

物質の密度は、物質ごとに決まっています。

物質	密度	物質	密度
水（淡水）	1 g/cm^3	アルミニウム	2.7g/cm^3
空気	0.0013g/cm^3	鉄	7.9 g/cm^3
発泡スチロール	0.02g/cm^3	金	19.3g/cm^3

浮力は流体の密度に**比例**しますから、物質が水に浮かぶかどうかはその物質の密度が水より大きいか小さいかによります。

p.24表の左側の物質（空気、発泡スチロール）は、水より密度が小さいので「物質の重さ＜浮力」となり水に浮きますが、右側の物質は水より密度が大きいので「物質の重さ＞浮力」となり水に沈みます。

「気体の密度は、圧力に比例する」を式に表すことも可能ですが、少し難しいので、ボイルの法則から導く形で考えてみましょう。

ボイルの法則は「気体の体積は、圧力に**反比例**する」でした。すなわち「圧力が**大き**ければ**大き**いほど、体積は小さく」なります。

一方、密度は「重さ（質量）÷**体積**」で求められます。

したがって、圧力が**大き**ければ**大き**いほど、「重さ÷体積」の分母に当たる**体積**が小さくなるのですから、密度も圧力に比例して**大き**くなる…というわけです。

●気体の密度と圧力の関係の計算

例　ゲージ圧力0.4MPa、18℃の空気の密度は、ゲージ圧力0MPa、18℃の場合の何倍か。

「気体の**密度**は、**圧力**に比例する」ので、**圧力**が何倍になったかが分かれば、**密度**が何倍になったかも自動的に分かります。

ゲージ圧力 0.4MPa
↓
絶対圧力 0.5MPa

0のままでは計算ができないので、**絶対**圧力に変換する（p.12参照）

ゲージ圧力 0MPa
↓
絶対圧力 0.1MPa

5倍

答え　5倍

10　気体の法則 ⑥

ダルトンの法則 -1

□ ２種類以上の気体からなる**混合**気体の**全圧**（**圧力**）は、各**成分**気体の**分圧**（**圧力**）の**和**に等しい（ダルトンの法則）。

□ ダルトンの法則を式に表すと、次のようになる。

ダルトンの法則

$$P = P_A + P_B$$

P_A、P_B ＝分圧
P＝全圧

前提として、「分圧に当てはまる気体は、**それぞれ単独で考える**ことができる」ことを覚えておきましょう。上の図でみると、気体 A、B は、それぞれ単独の気体であり、**ボイルの法則**、**シャルルの法則**などがそれぞれ別個に成り立ちます。

●ダルトンの法則の計算

例　4L の容器 A と 2L の容器 B が活栓を閉じた状態で配管により連結してあり、容器 A には 300kPa の酸素が、容器 B には 180kPa の窒素が入れてあるとき、活栓を開いて酸素と窒素を混合させたときの混合気体の圧力は何 kPa か（配管部の容積は無視するものとする）。

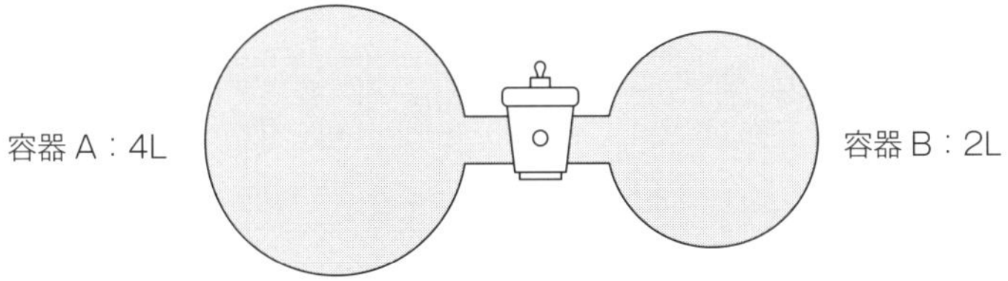

混合気体の圧力を問うていますから、**ダルトンの法則**の問題と分かります。容器 A と B それぞれの分圧を求めて、その和が答えになります。

活栓を開くと全体の体積は 6L になるので、このときの容器 A、B それぞれにボイルの法則を当てはめて、分圧を求める。

容器 A

$$P_1V_1 = P_2V_2$$
$$300 \times 4 = 6P_2$$
$$P_2 = 200 \text{ (kPa)}$$

容器 B

$$P_1V_1 = P_2V_2$$
$$180 \times 2 = 6P_2$$
$$P_2 = 60 \text{ (kPa)}$$

ダルトンの法則

$$P = P_A + P_B$$
$$P = 200 + 60$$
$$P = 260$$

答え　260kPa

11　気体の法則 ⑦

ダルトンの法則 -2

●ダルトンの法則の計算

例　空気をゲージ圧力 0.5MPa に加圧したとき、窒素の分圧（絶対圧力）は何 MPa か。

前提として、1「空気は窒素と酸素を主な成分とする混合気体である」ことと、2「窒素が空気において占める割合」を知っておくことが必要な問題です。

◆空気の主な成分

窒素約 78%	酸素約 21%	

その他約 1%

1 空気における窒素の分圧を、ダルトンの法則を用いて求める。

$$P = P_A + P_B + P_C$$

$$0.1 = 0.078 + 0.021 + 0.001$$

ダルトンの法則。
右辺は、$P_A + P_B + P_C + \cdots P_n$ と成分の種類（n）に従い、増える。

問題文の単位が MPa であることから、空気（**大気圧**）を MPa で表すと **0.1**MPa となる。（p.9 参照）

空気 **0.1**MPa を 100%とすると、窒素はその **78**%であることから、
0.1 × 0.78 = 0.078（MPa）
と導き出される。

[2] ゲージ圧力を絶対圧力へ変換する。

（ゲージ圧力）		（絶対圧力）
0.5	→	0.6（MPa）

p.12 参照

[3] [2]が大気圧の何倍かを算出して、窒素にも等倍する。

加圧しても、空気成分の構成比は変わりません。
よって左辺が 0.6 になった**ダルトンの法則**が同様に成立することになります。
したがって、左辺が χ 倍になったかを算出すれば、窒素も χ 倍することで導き出すことができます。

（加圧前）　**0.1 ＝ 0.078 ＋ 0.021 ＋ 0.001**

↓ 6 倍　↓ 6 倍

（加圧後）　**0.6 ＝ 0.468 ＋ 0.126 ＋ 0.006**

答え　0.468MPa

解答へのヒント

気体の体積・温度・圧力の関係

ダルトンの法則でも出てくるボイルの法則やシャルルの法則を、視覚的に覚えるのもおすすめです。

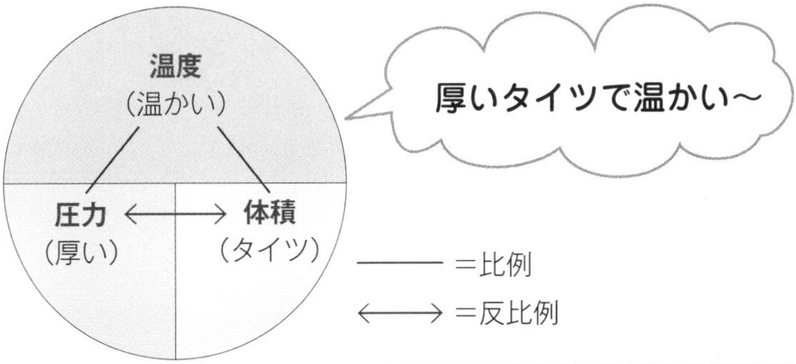

12 気体の法則 ⑧

ヘンリーの法則

□ **温度**が一定のとき、一定量の液体に**溶解**する気体の**質量**は、その気体の圧力に**比例**する。

ざっくばらんに言い換えると、「**押せば押した分だけ溶ける**」ということです。「圧力」は混合気体の場合、「分圧」と言い換えて同様に成り立ちます。また、これは「気体と液体が**隣り合う**とき」に成り立つ法則です。

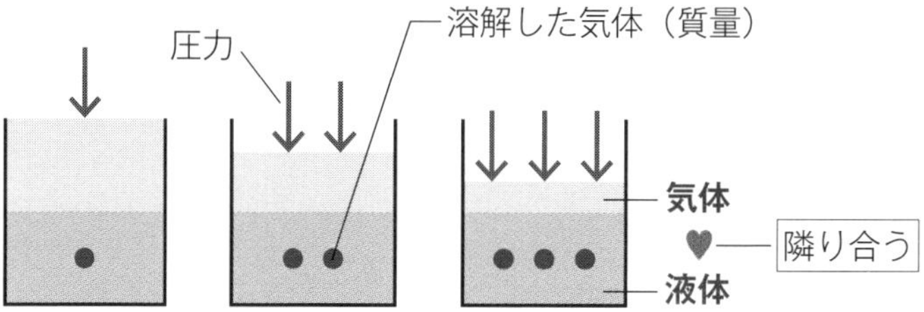

◆ヘンリーの法則に関する用語

用　語	説　明
溶解度	液体に対して、気体が溶解する程度。気体によって異なる。
飽　和	気体が溶解度に達し、これ以上溶解しない状態。
過飽和	溶解している気体の質量が飽和状態以上になっている状態。
気泡化	過度な過飽和状態により、気体の排出が間に合わず、液体中で沸騰したように**気泡**が発生すること。

▶▶▶ なるほどワード　質量

ヘンリーの法則の中に「質量」が出てきます。試験でも、穴埋め式のヘンリーの法則の問題で「質量」を答えさせる問題が出題されたこともあります。試験では「質量＝重さ」と考えて大丈夫です。

もっとも、正確にいうと「質量」と「重さ」は別物です。「質量」とは、「**物そのものの量**」で、**上皿天秤**ではかることができます。単位は「**kg**」「**g**」を使います。

一方、「重さ」は「物体に働く重力の大きさ」で、ばねばかりではかります。単位は「**N（ニュートン）**」です（「浮力」で出てきます（p.38））。重力ですから、たとえば地球よりも重力が小さい月ではかると、同じものでも「重さ」は変わります。

しかし、上皿天秤ではかる「質量」は地球でも月でも、どんな場所でも変わらないという違いがあります。

「重さ」と「質量」の関係ですが、地球では「重さ＝ 9.8 ×質量」となります。9.8（単位は m/s^2）が地球の重力に当たります。地球ではどこでも質量に 9.8 かければ重さになりますから、「質量」＝「重さ」と考えて問題ないんですね。

では「質量」はどのように求められるのでしょうか？答えは「質量＝**密度×体積**」。したがって、**密度**が一定のとき、質量と体積は**比例**することになります。

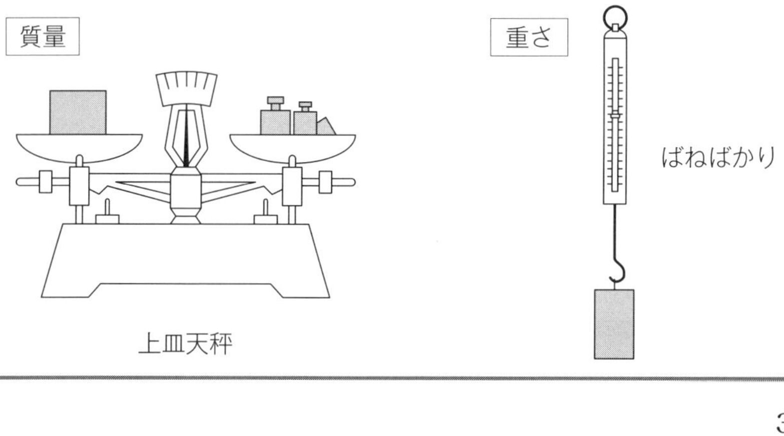

13　気体の法則 ⑨

潜水におけるヘンリーの法則

潜　降

❶スクーバ式あるいは送気式潜水では、**圧縮**された高圧空気により呼吸する。

↓

❷圧縮された高圧空気はレギュレーター（圧力調整器 p.81）により、**環境圧力**（潜水者を取り囲んでいる圧力。水中では「大気圧＋水圧」の合計値。p.54 参照）と同じ圧力に調整されるので、潜水者は環境圧力と同じ圧力の空気を吸うことになる。

↓

❸深度が深くなれば、環境圧力が**上昇**するので、潜水者が呼吸する空気の圧力も**上昇**する。

↓

❹空気は**窒素**と**酸素**からなる混合気体であるから、空気の圧力が上昇すれば、**窒素**分圧も**上昇**する。

↓

❺**窒素**分圧が**上昇**すると、ヘンリーの法則より、液体（具体的には血液や組織）中に溶解する**窒素**の量も**増加**する。

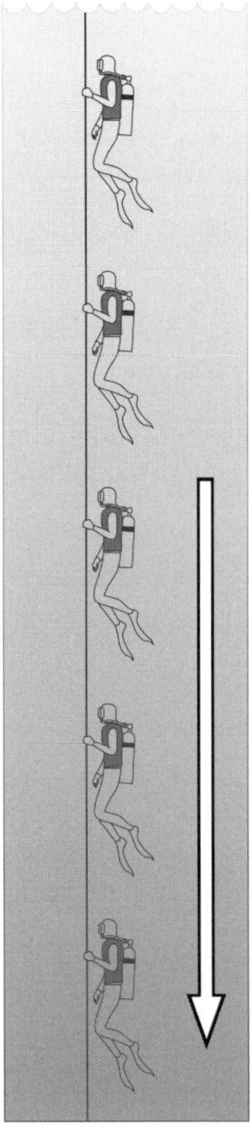

解答へのヒント

体内への窒素の溶解

　窒素はヘンリーの法則により血液や組織に溶解します。具体的にいうと、肺胞内の空気（**窒素**含む）は、肺胞の周囲を取り囲む肺毛細血管内の血液と**隣り合って**います（ヘンリーの法則は気体と液体が**隣り合う**ときに成り立つ法則（p.30 参照））。圧力が上昇すると、肺胞で、肺胞内の**窒素**が血液に溶解します。血液に溶解した**窒素**は血流にのり、末梢組織で組織内に移動します。

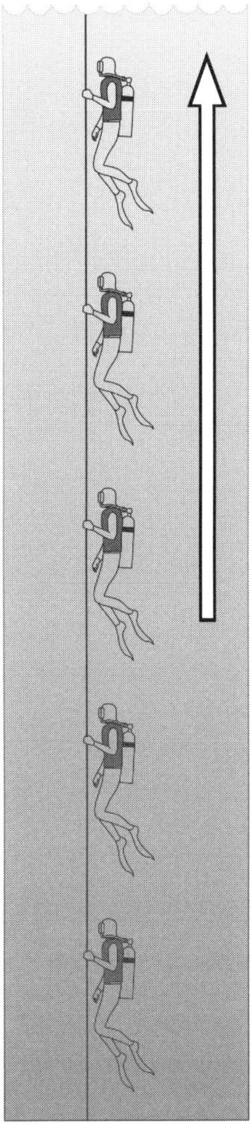

浮　上

❺浮上した環境圧力下で溶解しうる**窒素**よりも多くの窒素が体内に溶解していることになる（**過飽和**状態（p.30））。過度に**過飽和**状態となると、溶解していた窒素が体内で**気泡化**する。

↑

❹**窒素**分圧が**低下**すると、ヘンリーの法則より、液体（具体的には血液や組織）中に溶解することのできる**窒素**の量も**低下**する。

↑

❸空気は**窒素**と**酸素**からなる混合気体であるから、空気の圧力が**低下**すれば、**窒素**分圧も**低下**する。

↑

❷浮上により深度が浅くなれば、環境圧力が**低下**し、潜水者が呼吸する空気の**圧力**も低下する。

↑

❶レギュレーターにより、潜水者は**環境圧力**と同じ圧力の空気を吸う。

14　気体の法則 ⑩

ヘンリーの法則と体積

●ヘンリーの法則と体積 ❶

ヘンリーの法則

〈気体の質量から考える〉

□ 温度が一定のとき、一定量の液体に溶解する気体の**質量**は、その気体の圧力に**比例**する。

ヘンリーの法則

〈気体の体積から考える〉

気体の体積はボイルの法則（p.16）の影響をうける。

ボイルの法則

□ 温度が一定のとき、気体の**体積**は圧力に**反比例**する。

↓

□ 温度が一定のとき、一定量の液体に溶解する気体の**体積**は、その気体の圧力にかかわらず**一定**である。

例えば、圧力が３倍になると体内に溶け込む窒素の質量は３倍になりますが、ボイルの法則により、体積は３分の１となるため変わりません。したがって、液体中に溶解する気体の体積は圧力が**変化しても**常に一定となります。

0.5MPa（絶対圧力）の圧力下において一定量の液体に溶解する気体の体積は、0.1MPa（絶対圧力）の圧力下において溶解する体積と同じである。

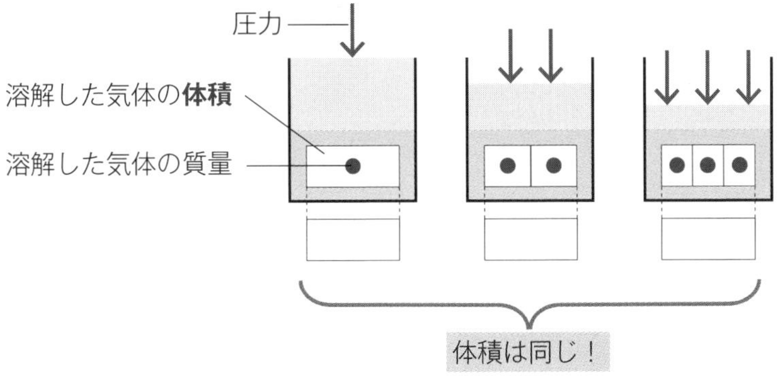

●ヘンリーの法則と体積 ❷

□ **温度**が一定のとき、一定量の液体に**溶解**する気体の**体積**は、（同じ**圧力**のもとでは）**分圧**に比例する。

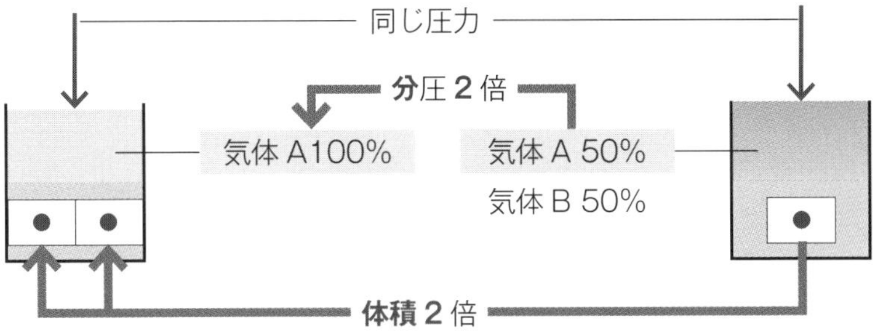

気体 A100% が、気体 A50% 気体 B50% の混合気体と比べて、分圧が 2 倍であるというのは、分圧の法則であるダルトンの法則によって導かれます（p.26 参照）。

15　気体の法則 ⑪

ヘンリーの法則の計算

例　20℃、1L の水に接している 0.3MPa（ゲージ圧力）の空気がある。これを 0.1MPa（絶対圧力）にまで減圧し、水中の窒素が空気中に放出されるための十分な時間が経過したとき、窒素の放出量（0.1MPa（絶対圧力）時の体積）は何 cm^3 か。
ただし、空気中に含まれる窒素の割合は 80% とし、0.1MPa（絶対圧力）の窒素 100% の気体に接している 20℃の水 1L には 17cm^3 の窒素が溶解するものとする。

問題文の「ただし～」以下が、窒素の水への溶解の基準ですので、まず、「ただし～」以下を見ていきます。

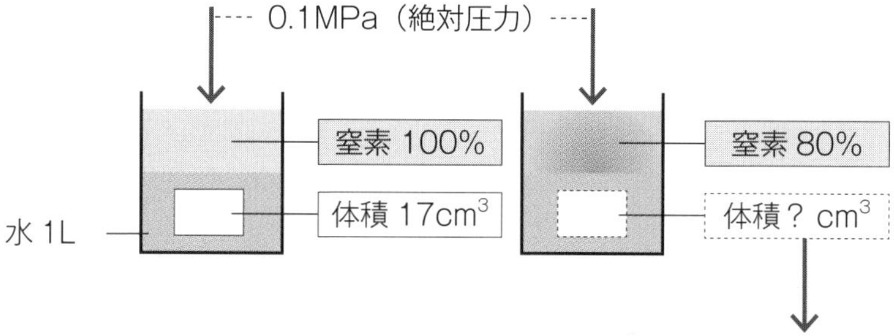

$17cm^3 \times \underline{0.8} = 13.6cm^3$

1「**ヘンリーの法則と体積❷**」（p.35 参照）

同じ圧力（0.1MPa（絶対圧力））のもと、窒素 80%の分圧は、窒素 100% の 80%であるから、体積も比例して 80%となる（**0.8** をかける）。

0.3MPa ＋ 0.1MPa ＝ 0.4 MPa

2「ゲージ圧力と絶対圧力」（p.12 参照）

求めた1の基準は絶対圧力なので、問題文の「ゲージ圧力」を絶対圧力に変換して統一する。

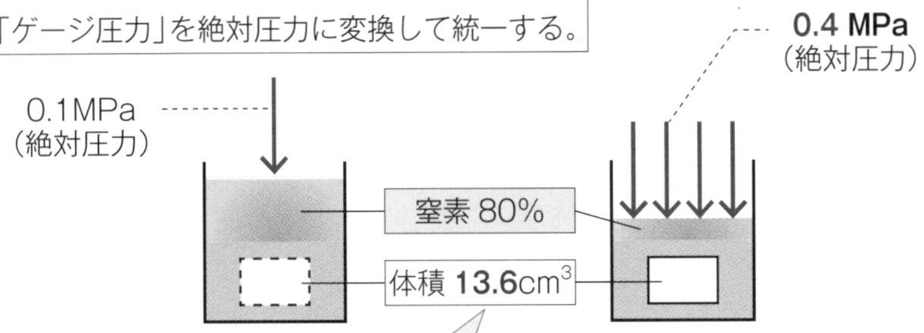

3「ヘンリーの法則と体積❶」（p.34 参照）

温度が一定のとき、一定量の液体に溶解する気体の体積は、圧力にかかわらず一定であるから、0.1 → 0.4MPa にかかわらず体積は **13.6**cm^3 である。

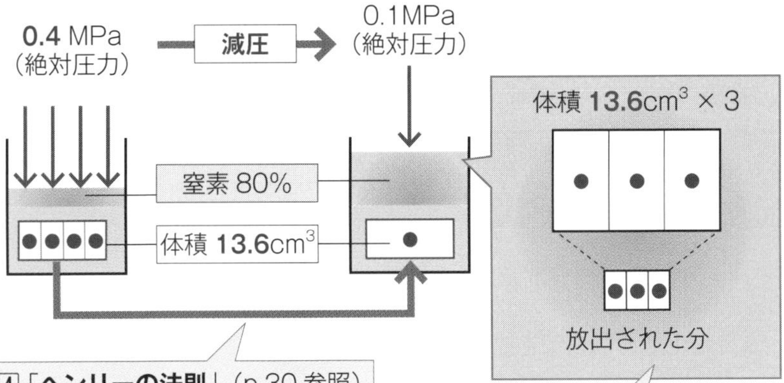

4「ヘンリーの法則」（p.30 参照）

温度が一定のとき、一定量の液体に溶解する気体の質量は、圧力に比例するから、0.4 → 0.1MPa すなわち 1/4 に減圧すると質量も **1/4** に減少する。
（体積は 13.6cm^3 で変わらない）

5「ボイルの法則」（p.16 参照）

放出された窒素の質量は **3/4**。ボイルの法則より気体の体積は圧力に反比例するから、**13.6**cm^3 × 3 ＝ **40.8**cm^3 となる。

答え **40.8**cm^3

16 浮力 ①

浮力

●定義

□ 浮力とは、物体を浮かせる上向きの力、重力と**反対**向きの力をいう。

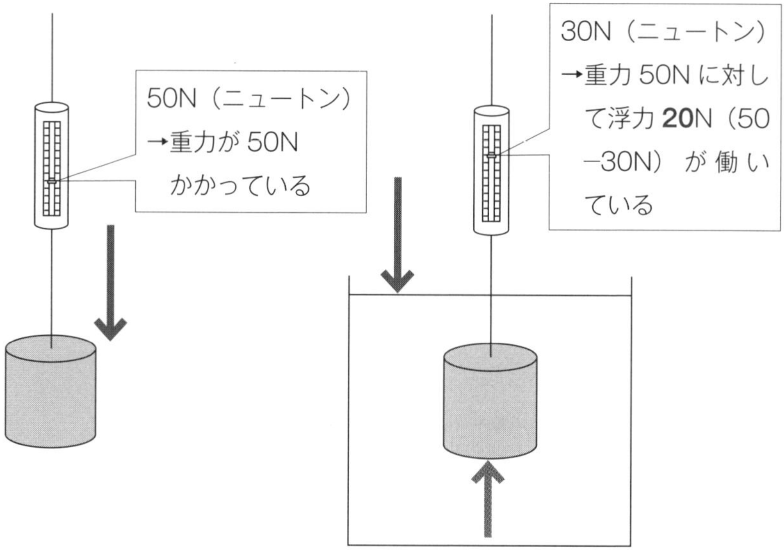

物体の重さ（重力の大きさ）は前にお話ししたようにばねばかりではかることができます（p.31 参照）。
重力と反対に働く力である浮力も、流体（水など）に物体を入れる前後の重さをばねばかりではかることで導くことができます。

▶▶▶ なるほどワード 浮力

浮力の意味は左記のとおりですが、実は「浮力」という特別な力があるわけではありません。

「浮力」の正体は水の圧力、すなわち「**水圧**」です。

パスカルの原理（p.14）を思い出してみてください。
「流体に加えられた圧力は、全ての方向に等しく伝わり、流体内の**あらゆる**面に対し、常に**垂直方向**に作用する」でした。図に表すと以下のとおりです。

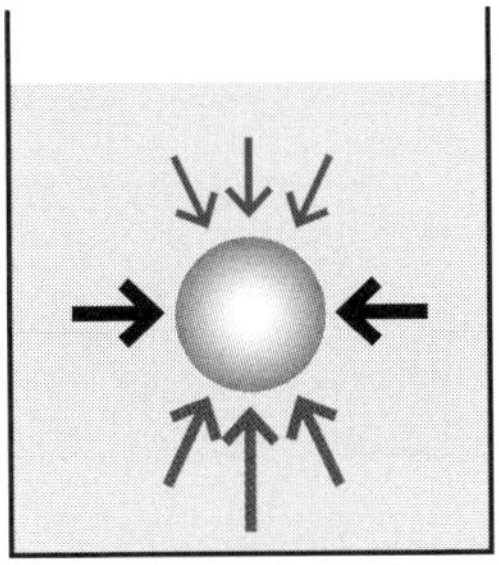

水圧は、水の重さですから、下にいくほど大きくなります。図の下の矢印が上の矢印より太く長くなっているのは、そのことを表しています。

この水圧の差が、「**浮力**」の正体なのです。

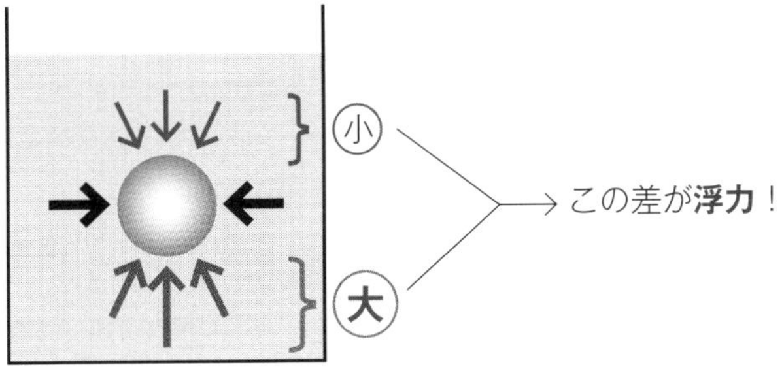

17 浮力 ②

アルキメデスの原理

□ **流体**中で静止している物体に働く**浮力**は、物体と同**体積**の流体の**重さ**に等しい。

例　水、海水など

㊟試験などで「**重量**」と記述されている場合もあるが、本書では「**重さ**」（重力の大きさ）と表している。

解答へのヒント

なぜ物体に働く浮力が「同じ体積の流体の重さ」に等しいのか、わかりやすく考えてみましょう。

※水の中には対流がないものとする

1

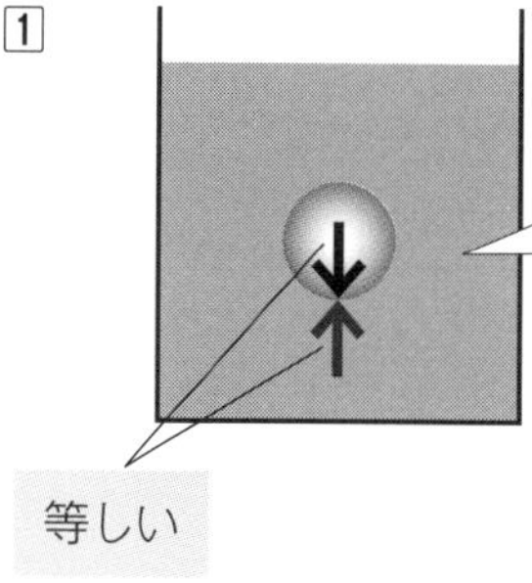

水を入れた容器の中に物体Ａが静止している。物体Ａは重さがあるので沈もうとする一方、水の中にあるので**浮力**をうける。物体Ａは浮きも沈みもしないので、物体Ａの「**重力**」と「**浮力**」はつりあっている。

↓

浮力＝物体の**重力**

2

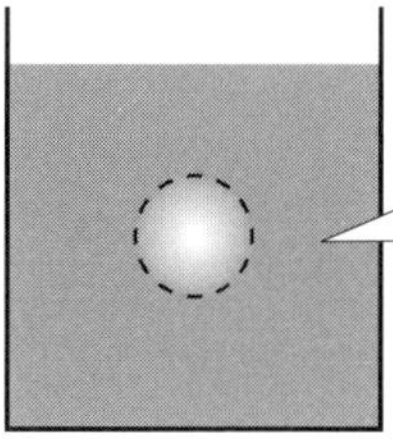

物体Aを、同じ重さの「**流体**のかたまり」に置きかえる（仮に水のボールと呼ぶ）。

3

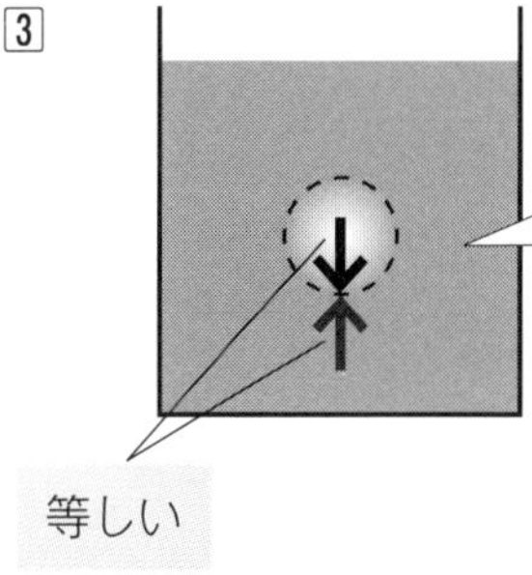

水のボールは物体Aと同じ重さなので、物体Aの時と同じ「**浮力**」をうけ水のボールは静止する。

↓

浮力＝水のボールの**重力**

4

浮力＝水のボールの重力＝**物体**と**同体積**の流体の重さ

浮力 ↑ の大きさが同じとき、3水のボールは1**物体A**と**同体積**である。

また、「**重力**の大きさ」は「**重さ**」と言い換えることができるので（p.31）、3「浮力＝水のボールの重力」は、「浮力＝物体Aと同体積の流体の重さ」といえる。

●浮力と体積

- □ 浮力の大きさは物体の体積により決まるため、圧縮性のある物体は水深が**深く**なるほど体積が**小さく**なり、浮力も**小さく**なる。
- □ 浮力は物体の体積により変化するが、**重心**の位置の違いで変化しない。

18　浮力 ③

浮力の種類

負の浮力	中性浮力	正の浮力
□ 浮力が物体の重さより小さい場合。 □ 物体は流体に**沈む**。	□ 浮力が物体の重さと等しい場合。 □ 物体は流体中に**静止する**。	□ 浮力が物体の重さより大きい場合。 □ 物体は流体上に**浮き上がる**。

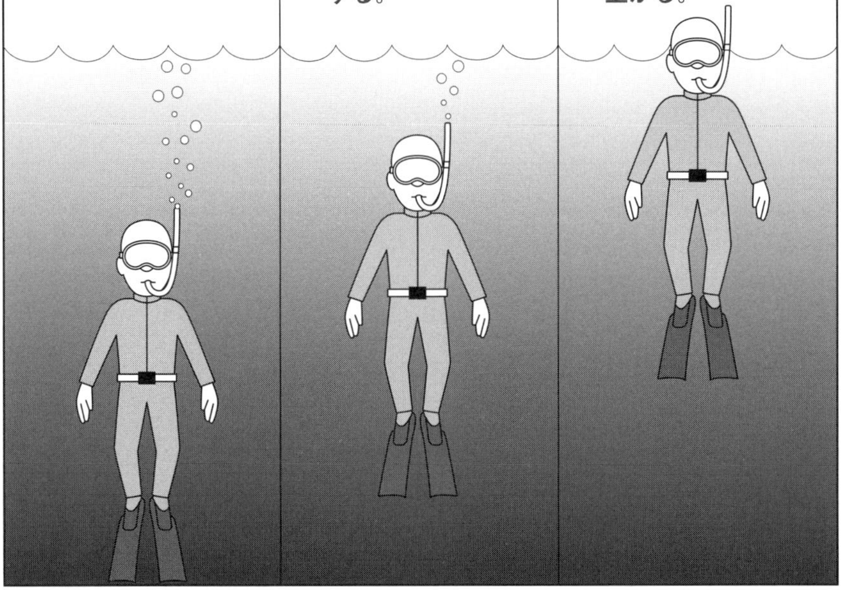

浮力は潜水において非常に重要な要因となり、上記の３種類に分けて用いられます。

●浮力の計算方法

物体から置き換えられた

浮力＝流体の密度×体積

これはアルキメデスの原理「浮力は、物体と同体積の流体の重さに等しい」を言い換えたものです。
「**重さ＝密度×体積**」ですから（p.31 参照）、
浮力＝（物体と同体積の）流体の**重さ**
＝（物体と同体積の）流体の密度×体積
と導かれるのです。

海水中にある物体が受ける浮力は、同一の物体が淡水中で受ける浮力より**大きい**。

密度	
淡水	海水
1g/cm^3	**1.025**g/cm^3

体積を一定（n）とすると

淡水の浮力＝ 1 × n ＜ **海水の浮力＝** 1.025 × n

このように、体積を一定とした場合（同じ物体の浮力を比べるような場合）、流体の密度が大きければ大きいほど浮力も大きくなり、**密度と浮力は比例する**ことが分かります。

19 浮力 ④

アルキメデスの原理の計算

例１　体積 $60cm^3$ で質量が 300g のおもりを下の図のようにばねばかりに糸でつるし、水に浸けたとき、ばねばかりがしめす数値は何 g か。

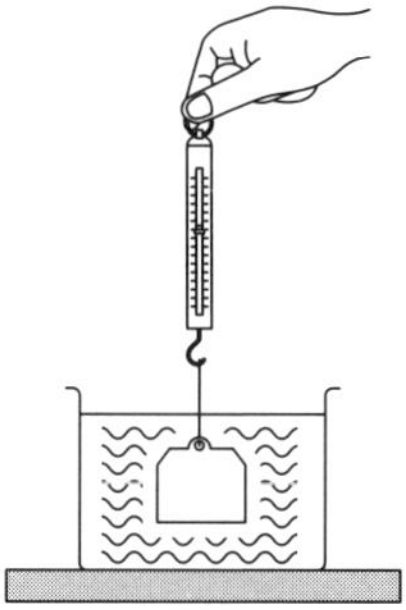

ばねばかりでつるして、水中におもりが**静止している**状態なので、**アルキメデスの原理**を用います。

（おもりに作用する）浮力＝水の密度（g/cm^3）×物体の体積（cm^3）

（おもりに作用する）浮力　＝ $1g/cm^3 \times 60cm^3$
＝ 60g

ばねばかりがしめす数値　＝ 300g － 60g
＝ 240g

おもりの重力－浮力
（重力＝）重さ、**質量**（p.31 参照）

答え　240g

例2 下図のように、質量40gのおもりを糸でつるした、質量10g、断面積5cm^2、長さ20cmの細長い円柱状の浮きが、上端を水面上に出して静止している。この浮きの上端の水面からの高さhは何cmか（糸の質量及び体積並びにおもりの体積は無視できるものとする）。

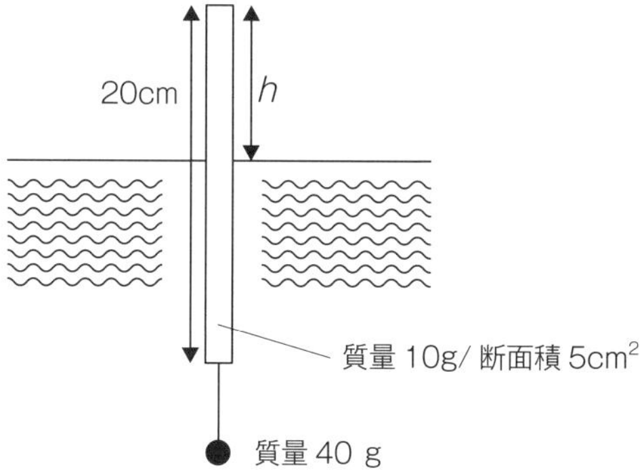

1 浮きにかかる重力を出す	40g ＋ 10g ＝ 50g
浮きにかかる重力＝「**おもり**の重さ（質量）＋**浮き**の重さ（質量）」	

2 浮きにかかる浮力を出す	50g ＝ 50g
浮きは静止していることから 「浮きにかかる**重力**＝浮きにかかる浮力」が成り立つ。	

3 浮きの水中部分の体積を出す	50g ＝ 1（g/cm^3）× **50**cm^3
「浮力＝密度（g/cm^3）×水中部分の物体の体積（cm^3）」に、水の密度＝1（g/cm^3）、2から浮力＝50gを当てはめて水中部分の浮きの体積を求める。	

4 水中部分の高さを出す	**10**cm ＝ 50cm^3 ÷ 5cm^2
水中部分の高さ＝体積÷浮きの断面積（5cm^2）により求める。	

5 水中から出ている高さを出す	20cm － **10**cm ＝ **10**cm
浮き全体の高さ－浮きの水中部分の高さにより求める。	

答え 10cm

20　気体の性質

気体の性質

□ ほとんどの潜水業務は、圧縮した**空気**（圧縮**空気**）によって行われている。

□ 空気は、**酸素**、**窒素**、**アルゴン**、**二酸化炭素**などによって構成される。

◆空気の主な成分

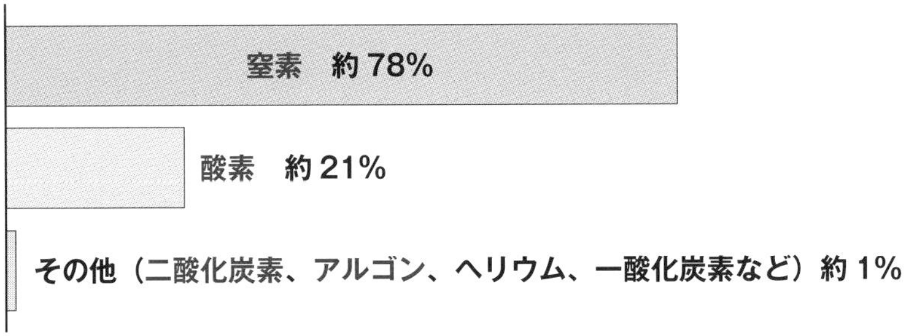

▶▶▶ なるほどワード　化学的に安定・不活性

右の表中に「**化学的に安定**した」「**不活性**」の気体という表現が出てきます。「**化学的に安定**した」とは、他の物質（原子や分子）と化学結合を起こさない、反応しにくいことをいいます。ヘリウムやアルゴンは、中学や高校で習う元素の周期表のいちばん右側に並んでおり、これ以上安定した状態はない原子です。原子は安定した状態になるまで結合し合う性質がありますが、ヘリウムなどはもうそれ自体で安定しているので他の物質と結合する必要がないんですね。

そして、「**不活性**」とは、そうした化学反応が起こらないことを表す別の表現です。ですから、「化学的に安定」と「不活性」は同じことを言っているのです。

気体の種類	性　質
窒素	• 無色、無臭 • 常温・常圧では化学的に**安定**した**不活**性の気体 • 高圧化では**麻酔**作用がある（窒素**酔い**）
酸素	• 無色、無臭 • 可燃物の燃焼を支える性質がある • 酸素自体は燃えたり爆発することは**はない** （以上2項目について：×**可**燃性ガス　〇**助**燃性ガス） • **生命**維持に必要不可欠なものである • 空気中の酸素濃度が高ければ酸素**中毒**を引き起こす
二酸化炭素	• 無色、無臭 • 空気中に **0.03** ～ **0.04**%の割合で含まれている • 人体の**代謝**作用や物質の**燃焼**によって発生する • 人の**呼吸**の維持には、血液中に**微**量含まれていることが必要
ヘリウム	• 無色、無臭 • 他の元素と化合しない、化学的に**安定**した**不活**性の気体 • 密度が**小さ**い • きわめて**軽**い • 呼吸抵抗が**少な**い • 体内に溶け込む量が**少な**い • 体内に溶け込む速度が**大き**い（早く**飽和**する） • 熱伝導率が**大き**い • 窒素のような**麻酔**作用を起こすことは**少な**い • **ドナルドダック**・ボイスといわれる声質になる
一酸化炭素	• 無色、無臭 • 物質の**不完全**燃焼などによって生じる • **有毒**である → 呼吸によって体内に入ると赤血球のヘモグロビンと結合し、**酸素**の組織への運搬を**阻害**する

すべて「無色・無臭」なので覚えやすいですね。

21 水中での伝播 ①

水中での光の伝播

●光の屈折

□ 光が、**密度**の異なる媒質を通過するときに、境界面で進行方向を変えることを**屈折**という。

□ 潜水において、面マスクを挟んだ内側（**空気**）と外側（**水**）の**密度**は約800倍異なることから、**近**距離のものは**屈折**して視認される。

□ **遠**距離のものや**濁っ**た水中においては、逆に実際より**小さ**く、**遠**くに見える。

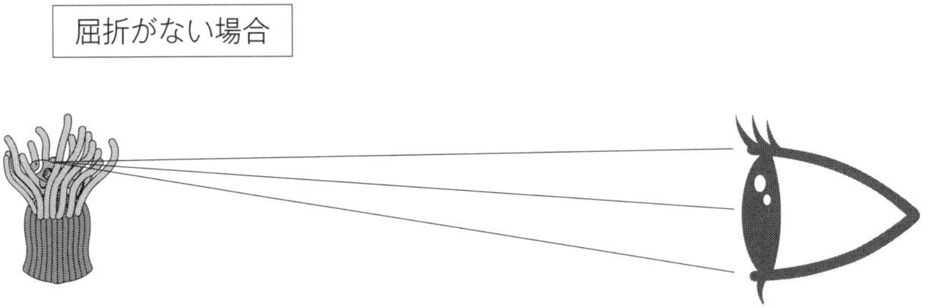

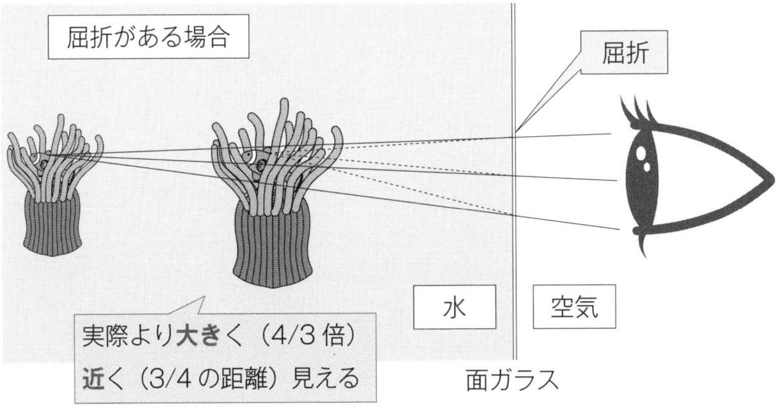

●光の吸収

□ 海中において、光は❶水分子および❷懸濁物《けんだくぶつ》・プランクトンなどによって吸収される。

吸収物質	❶水分子	❷懸濁物・プランクトン
特　徴	□ **長**い波長ほど吸収する。 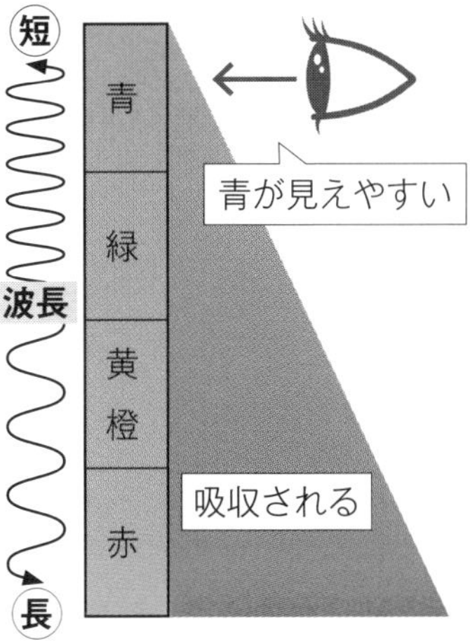 	□ **短**い波長ほど吸収する。 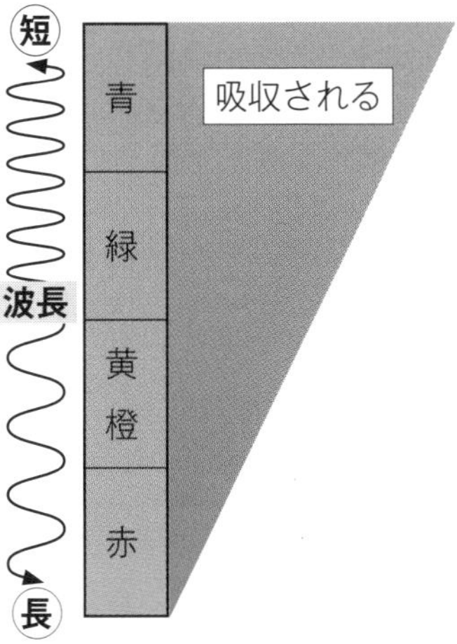

吸収物質	❸濁った水中（❶水分子＋❷懸濁物・プランクトン）
特　徴	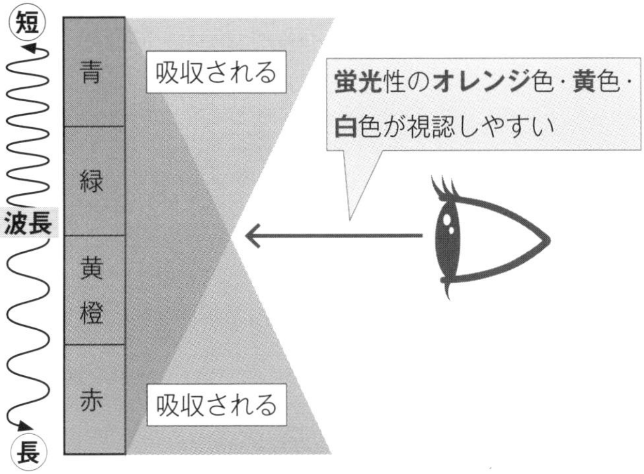

22 水中での伝播 ②

水中での音の伝播

□ 密度の高い物質ほど、音を伝播しやすい。

→**固**体＞**液**体＞**気**体の順に、音は速く、遠くまで伝播する。

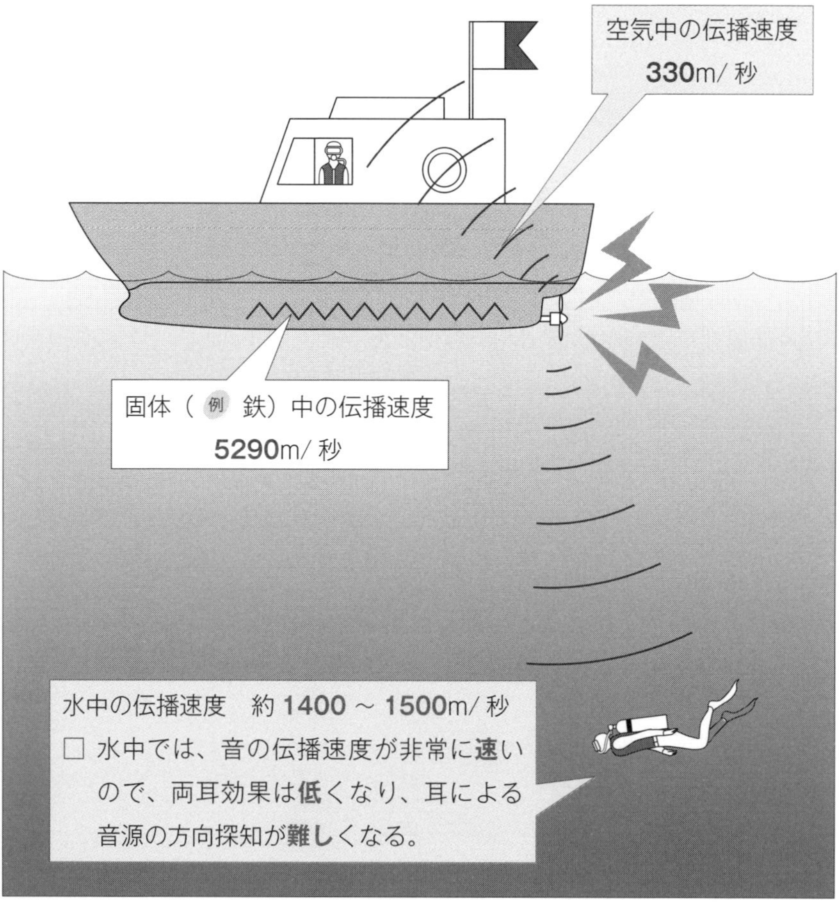

▶▶▶ なるほどワード　両耳効果

人の耳は左右についていることから、音源からの距離が左右で微妙に異なります。音源からの距離が異なると、音が届くまでの時間に左右の耳でほんの少しの時間差ができます。人はこのほんのわずかな時間差によって、音源を特定しています。これを両耳効果と呼びます。

水中では音の伝達速度があまりに速いので、もともとわずかな時間差が一層微細な差になってしまい、感知することが難しくなるのです。

水中での熱の伝播

□ 水は、空気と比べて **25** 倍も熱を伝え**やすい**（熱**伝導**）。

熱伝播の種類	**熱伝導**	**熱対流**	**蒸　発**
意　義	**直接**的な熱の伝播	液体の**動き**に伴う熱の移動	液体がその表面で**気化**すること
潜水時の具体例	潜水服を着用せずに潜水すると体表面の熱が周囲の水に**伝わり**、急速に体熱を失う	潜水者の体温により温められた周囲の水と遠方の冷水との間に**対流**が起こる。潜水者は常に周囲の水を温め続けるのでエネルギーを消耗する	潜水終了後、濡れたままの状態で船上にいると、風により体表面の水が**蒸発**するとともに急速に体熱を失う

ゴロ合わせ　**水中での音の伝播**

水中でも　声　えっ　聞こえる?!
（固体）>（液体）>（気体）

23 潜水の種類 ①

呼吸ガスによる潜水の分類

□ 潜水業務に使われる呼吸ガスには、**空気**と**混合ガス**の２種類あり、潜水深度に応じて使い分けられる。

●空気潜水

□ **空気**による潜水（**空気**潜水）は、高気圧作業安全衛生規則（高圧則）により **40**m までの深度に制限されている。

□ これは窒素酔いの防止を主な目的とする。

●混合ガス潜水

□ 深度 **40**m を超える潜水では、**混合ガス**が使われる。

□ 窒素酔い防止のため、通常、窒素の代わりに**ヘリウム**が使われる。

□ また、酸素中毒防止のため、酸素分圧に制限がかけられる。

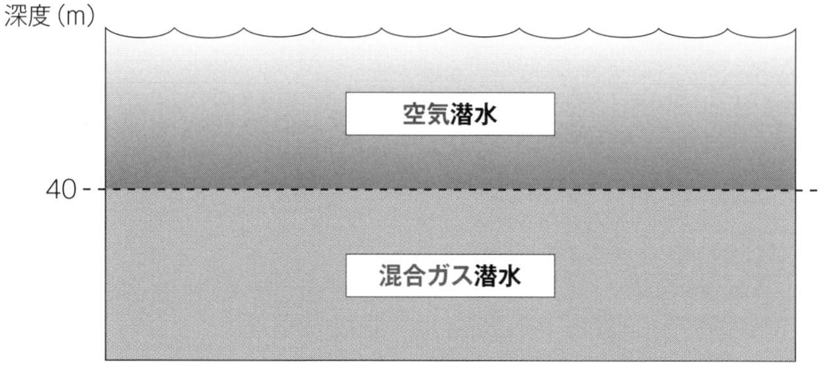

◆混合ガス潜水の装備

装備名	説　明
温水潜水服	□ 混合ガス潜水では、深度が深く、水温が低い場所に長時間いることが多いため、**保温**に優れた**温水**潜水服を着用する。 ＜外観＞ 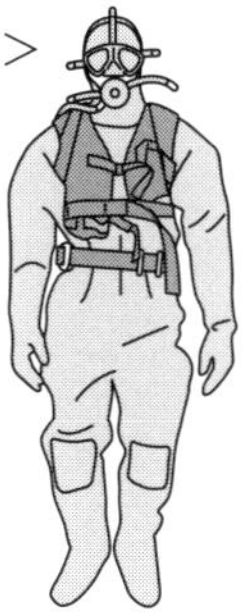 ＜しくみ＞ 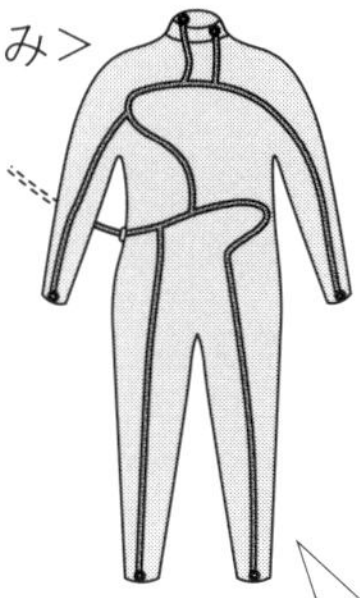 • **アンビリカル**の**温水供給**ホースを介して**温水**が供給される。 • 温水供給量は、通常、作業者１名あたり**20**L/分以上。 • **水温**は適宜調整される。 • 温水は服内を循環し、その後、水中に排出される。
アンビリカル アンビリカルには「**へその緒**」という意味があります。 	□ **温水供給**ホース、送気ホース、電話通信線、深度計測用ホースおよび映像・電源ケーブルなど**複数**のホース・ケーブル類を**一体化**したホース状のもの **温水供給**ホース • **船**上の温水供給装置で**海**水を加温した温水が通る。 • 内径は **1/2** インチと比較的**大**きい。 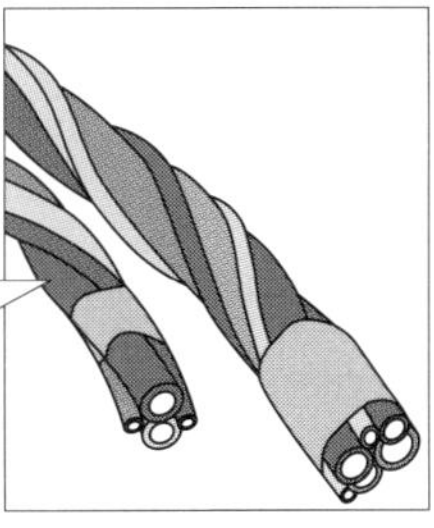
その他	□ 潜水器、水中カメラ、水中ライト、水中昇降機など

24 潜水の種類 ②

潜水器による潜水の分類

□ 水中での呼吸の確保に必要な機械設備を「潜水器」という。

□ 潜水器の種類によって潜水を分類すると、まず大きく**硬式**（**大気圧**）潜水と**軟式**（**環境圧**）潜水の２種類に分けられる。

●硬式（大気圧）潜水

□ **硬式**（**大気圧**）潜水とは、硬い**耐圧殻**に入って人体を**水圧**から守り、**大気圧**のままの状態で行うことのできる潜水である。

例

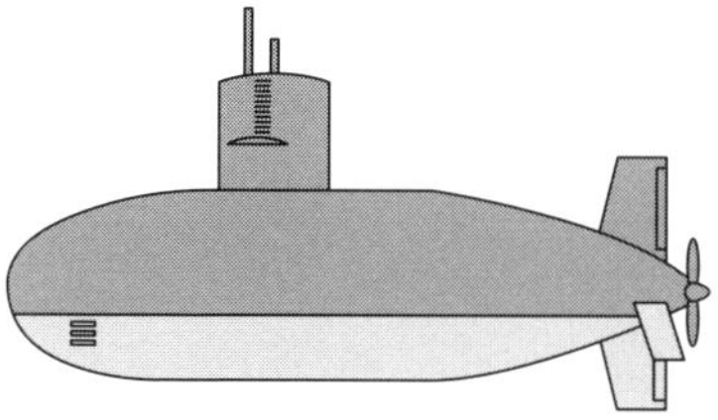

潜水艦

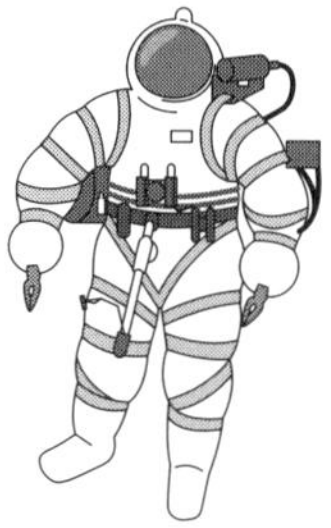

大気圧潜水服

●軟式（環境圧）潜水

□ **軟式**（**環境圧**）潜水とは、人体が潜水**深度**に応じた**水圧**を直接受けて潜水する方法をいう。

□ 軟式（環境圧）潜水は、潜水者への送気方法によって、**送気**式と**自給気**式（**スクーバ**式）に分類される。

□ **送気**式潜水は、送気の仕方によって、さらに**定量送気**式と**応需送気**（**デマンド**）式に分類される。

◆軟式（環境圧）潜水の種類

<table>
<tr>
<td rowspan="3">**送気式**
• 船上の**空気圧縮機**（**コンプレッサー**）からホースを通して送気される方法
• 比較的**長**時間の水中作業が可能
• 安全のため、**ボンベ**を携行することもある</td>
<td>**定量送気式**
• 呼吸に関係なく**常時、連続的**に、水深に応じた一定の呼吸ガスを送気する方法</td>
<td>**ヘルメット式**
• 定量送気式の**代表的方法**
• 金属製のヘルメットとゴム製の潜水服から構成
• 浮力調整が**複雑**
• 呼吸ガスの消費量が**多い**
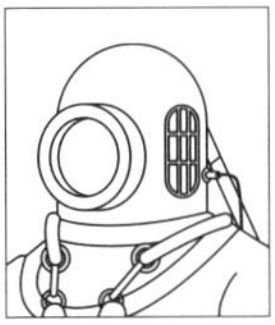</td>
</tr>
<tr>
<td rowspan="2">**応需送気式**
（**デマンド**式）
• 呼吸に応じて呼吸ガスが送気される方法
• 呼吸ガスの消費量が定量送気式より**少なく**済む</td>
<td>**フーカー式**
• 船上のコンプレッサーなどからホースで送気し、潜水者は**レギュレーター**をくわえて潜水を行う
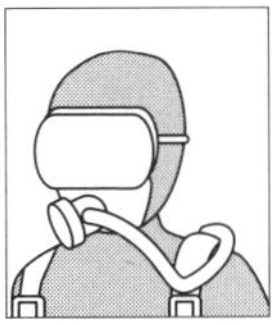</td>
</tr>
<tr>
<td>**全面マスク式**
• 顔面全体を覆うマスクに**デマンド式**潜水器を組み合わせた潜水器を使う
• **水中電話**の使用が可能
</td>
</tr>
<tr>
<td rowspan="3">**自給気式**
（**スクーバ**式）
• **携行**する**ボンベ**から給気する方法
• スクーバ式潜水においても**さがり綱**を使用する</td>
<td colspan="2">**開放回路型スクーバ式**
• 自給気式で**もっとも一般的に使用されている**方法
• 潜水者の呼気が直接水中へ排出される方法</td>
</tr>
<tr>
<td colspan="2">**半閉鎖回路型スクーバ式**
• 潜水者の呼気の**一部**を循環させる方法</td>
</tr>
<tr>
<td colspan="2">**閉鎖回路型スクーバ式**
• 潜水者の呼気を**完全に**循環させる方法</td>
</tr>
</table>

25 潜水業務の危険性 ①

水中作業における危険

●潜水作業船による作業

危険の種類	危険が起こる原因	予防法
溺れ (p.65)	送気式潜水の送気ホースなどが潜水作業船の**スクリュー**に巻き込まれ、切断などする	・スクリュー**カバー**を取り付ける ・クラッチ固定装置を設置する
海上衝突	潜水作業船は潜水士の作業中、操縦が制限され、他の船舶の進路を避けることができないため	潜水作業船に**国際信号書 A 旗板**を掲揚する 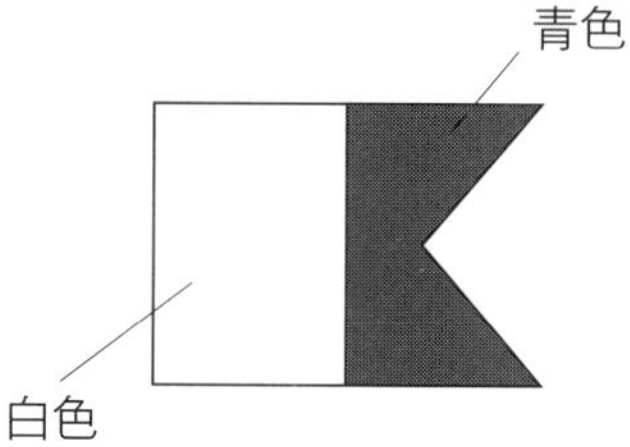

●ガス溶接・溶断作業

危険の種類	危険が起こる原因	身体への影響
ガス爆発	作業時に発生した**ガス**が滞留し、発火ないし**爆発**する	**鼓膜損傷**のおそれ
感　電	溶接（溶断）棒と、溶接（溶断）母材（溶接（溶断）する対象のもの）が身体の一部に同時に接触する	**感電**のおそれ

海中生物による危険

危険の種類	原因となりうる生物	予防法
刺し傷	• **イモガイ類** • **ガンガゼ**	• 事前に生息域を調べておく • むやみに近づかない • 生態・習性を把握する
切り傷	• **サンゴ** • **フジツボ**	
かみ傷	• シャチ • **タコ** • **ウツボ**	
	• **サメ**	• 特に注意すべき事項 □ 海中に流れたわずかな血にも反応することから、以下は禁止される ❶**ケガ**をした状態での潜水 ❷**流血**した**魚**を携帯しての潜水 □ 優れた感覚器官により、人が視覚を失う海中（混濁物が多い・暗いなど）でも周囲の状況を把握できる一方、人はその存在に気づきづらいことから、**視界不良**の場合は潜水を中止する

▶▶▶ **なるほどワード**　イモガイ類・ガンガゼ

イモガイ類は肉食性で、「水中の静かなる暗殺者」の異名をもつ貝類。砂の中などで待ち伏せし、歯舌を発達させた毒銛《もり》で獲物を刺して麻痺させ捕食します。

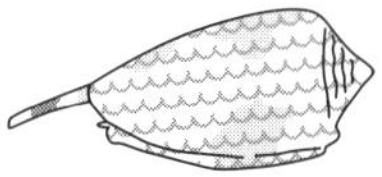

ガンガゼはウニの一種で、長く鋭いとげに毒を持っています。

26　潜水業務の危険性②

潮流による危険 -1

●潮流

□ 潮流とは、潮汐（**干潮**・**満潮**）によって生じる海水の流れをいう。

□ **干潮**・**満潮**は通常、1日にそれぞれ **2** 回ずつ起こる。

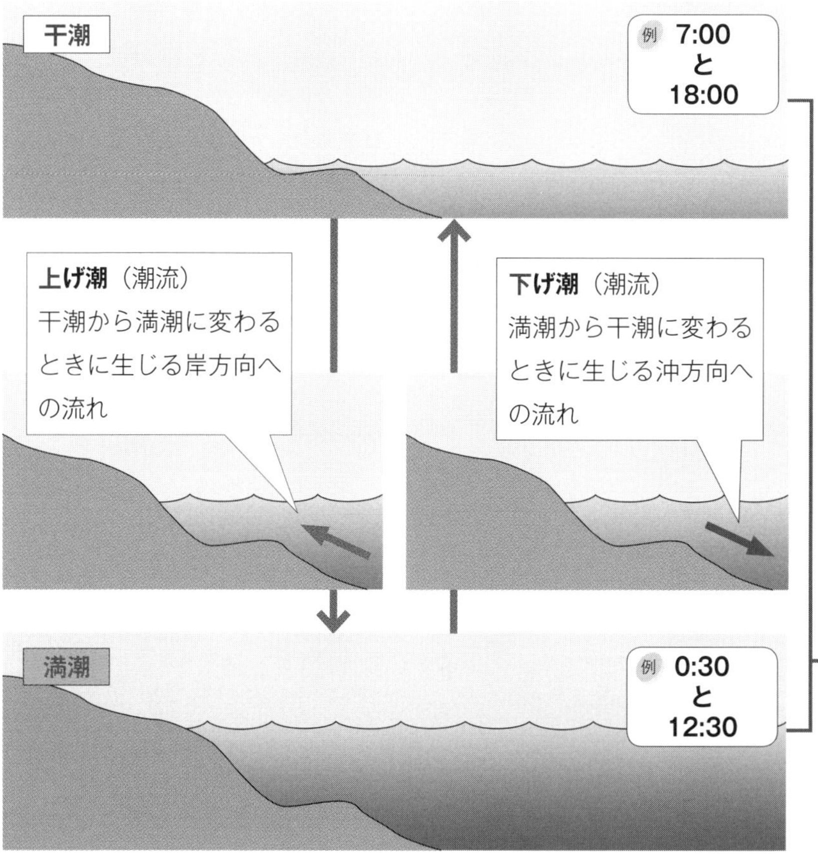

潮流の弱いところ	潮流の強いところ		
□開放的な海域	**□湾　口** …湾の外海への出入口 例　東京湾口 伊勢湾口	**□海　峡** …陸地と陸地に挟まれて狭くなったところ 例　津軽海峡 鳴門海峡	**□水　道** …地形的には海峡と同じ。慣習的に水道と呼ばれている 例　豊後水道 紀伊水道

湾口や海峡などのように**狭く**、**複雑な**海岸線をもつ海域では潮流が強く（速く）なります。

●潮流の速い水域での潜水業務

□ **減圧**症が発生する危険性が高い。

潮流が速いと、
身体への負担⬆ → 呼吸量⬆ → 体内摂取窒素量⬆
となるのが理由です。

□ 潮流の強い海域での潜水作業は、**憩《けい》流** の時間帯に行うようにする。

上げ潮→下げ潮、下げ潮→上げ潮間の、潮流が一時的に停止する時間。
すなわち、
下げ潮→ **憩流** →上げ潮→ **憩流** の流れを**周期的**に繰り返すということである。
憩流は、「潮どまり」ともいう。

27 潜水業務の危険性 ③

潮流による危険 -2

●潮流により受ける抵抗

□ 潜水作業者が潮流によって受ける抵抗は、潜水方式により**異なる**。

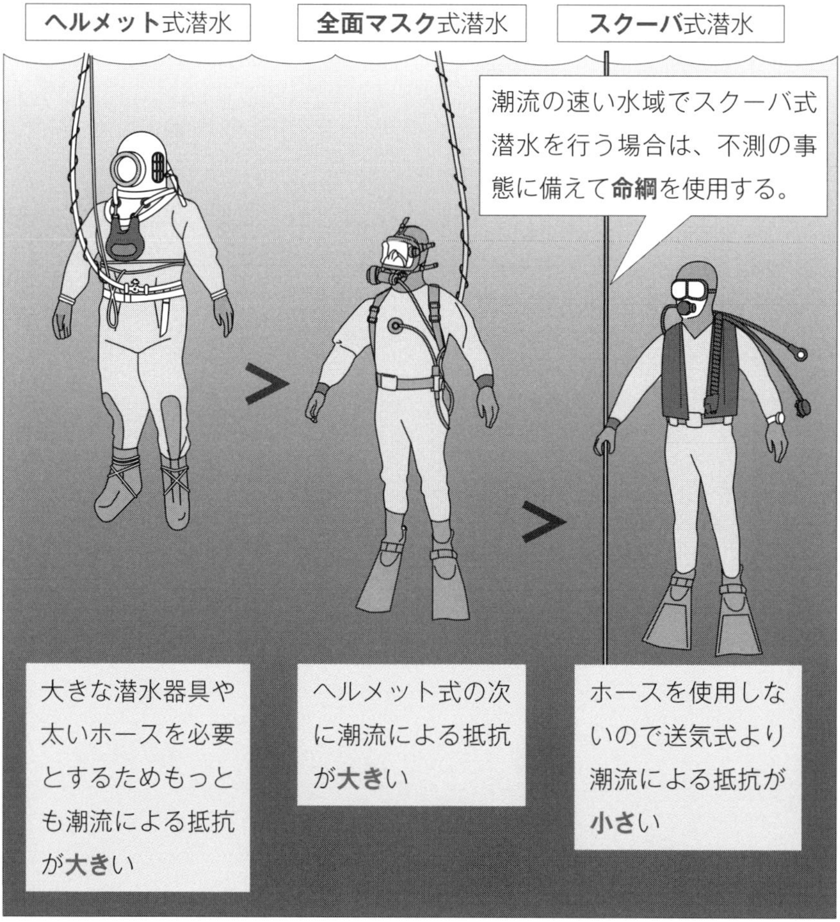

□ 送気式潜水では、潮流による抵抗がなるべく**小さ**くなるよう、送気ホースに**適度**なたるみをもたせるようにする。

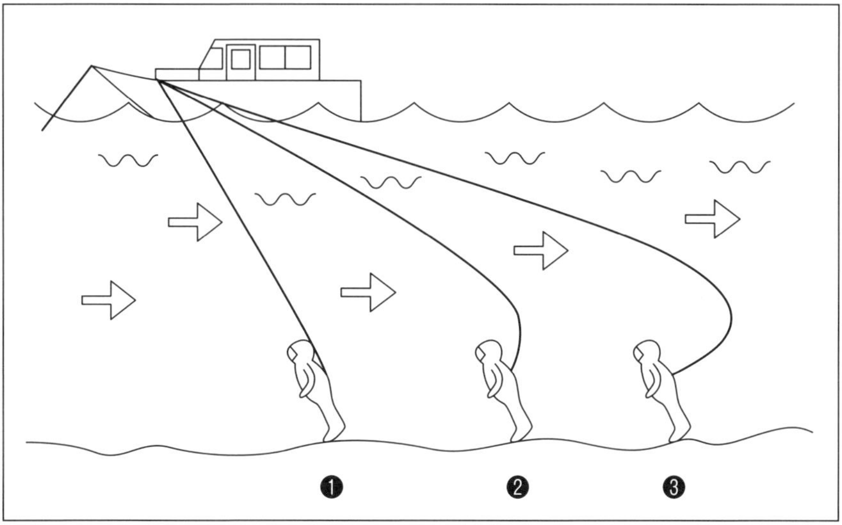

※実際の試験では、このような簡略図で出題されます。

❶	❷	❸
□ホースがまっすぐになり、張りすぎている状態 □潜水者がホースに引きずられ、**吹き上げ**事故につながる可能性がある	□ホースに適度なたるみの**ある**状態 □状態をキープするため、ホースの繰り出し量を常に調整する必要がある	□ホースを大きく繰り出し、緩んだ状態 □潮流の影響を受け、ホースに対する抵抗が**大き**くなる

上記の図では、❷が適切な状態です。

28 潜水業務の危険性 ④

潜水墜落

□ 潜水服内部の圧力が水圧より**低**くなった場合に、**沈降**により、さらに浮力が**減少**する悪循環に陥り、一気に**海底**まで**沈降**することを**潜水墜落**という。

潜水墜落が起こる一例

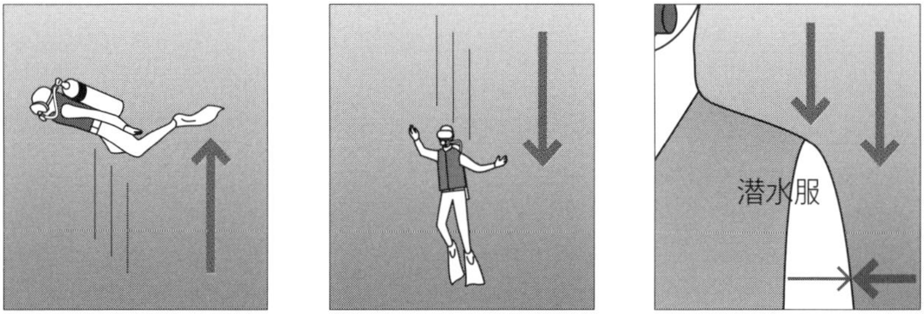

❶ BCへの空気の入れすぎ、**ウエイト**外れなどにより急速に浮上する

❷**パニック**になり、急激に浮力を**減じる**と、一転して沈降し始める

❸沈降による水圧の**増大**→潜水服内部の圧力が水圧よりも**低**くなる→一気に海底まで沈む

ヘルメット式潜水の潜水墜落の主な原因

○不適切な**ウエイト**の装備
○**さがり綱**（**潜降索**）の不使用
○急激な**潜降**
○**吹き上げ**（p.63）時の処理の失敗

×潜水服のベルトの締付け不足
×逆立ち状態になること
×潜水者への過剰な送気

→ **㊟吹き上げの原因**

吹き上げ

□ 潜水服内部の圧力が水圧より**高**くなった場合に、**浮上**により、さらに浮力が**増大**する悪循環に陥り、一気に足から、**水面**まで**浮上**することを**吹き上げ**という。

吹き上げの主な原因	
ヘルメット式潜水	**スクーバ式潜水**
• **排気**弁の操作の誤り • **ベルト**の締付け不足 • 潜水者への過剰な**送気**	• **ドライ**スーツの**排気**弁の操作の誤り • ウエットスーツの**ウエイト**不足・**ウエイト**外れ

吹き上げの主な予防策	
ヘルメット式潜水	**スクーバ式潜水**
• 深度を変える時は、船上と連絡を取り合う（適切な**送気**量のため） • 流れの速い流域では、**送気ホース**や**信号索**を**まっすぐ**に張らない	• ウエイトを慎重に選ぶ
• 潜降・浮上時は必ず**さがり綱**（**潜降索**）を使用する	

潜水墜落と**吹き上げ**は、ちょうど逆の現象です。
そのため、試験では、原因や予防法を入れ替えて出題されるなどして、混乱しやすい箇所でもあります。
試験の場で自信をもって解答できるよう、しっかりと頭に入れておきましょう。

29 潜水業務の危険性 ⑤（水中拘束と溺れ）

水中拘束

□ 何らかの原因により、潜水者が浮上することができなくなり、**長**時間水中に拘束されることを**水中拘束**という。

潜水の種類	主な原因	とるべき措置
送気式	**送気ホース**などが船のフックやスクリューに絡みつくなどする	水中滞在時間が延長した場合、延長した時間に応じて**減圧**時間も**延長**する
スクーバ式	作業用**ロープ**などが装備に絡みつくなどする	

◆水中拘束の予防策

予防策	• 沈船、洞窟など狭い場所に入る場合は、必ず**ガイドロープ**を使用する。 • 障害物を通過するときは、周囲を回ったり、**下**をくぐりぬけたりせず、**上**を越えていく。 • 援助に向かえる**潜水者**（**スタンバイダイバー**）を待機させておく。

試験で「魚網の近くで潜水するとき」に「絡まる危険を避けるため」「**信号索**や**水中ナイフ**を携行しない」という選択肢がよく出ますが、これは**誤り**です。
送気式潜水においては、水中電話を携行している場合は信号索は携行不要ですが、水中ナイフは必ず携行しなければならないとの定めがあります（p.144）。

溺れ

□ 溺れは、気管支や肺に水が入ることで**窒息**状態になる場合だけでなく、水が**気管**に入るだけで**反射**的に**呼吸**が止まる場合もある。

潜水の種類	主な原因
送気式	**送気ホース**などが船のフックやスクリューに巻き込み及び切断などする
スクーバ式	**窒素酔い**・ささいなトラブル ↓ パニック状態（正常な判断能力を失う） ↓ くわえている**呼吸器**（**レギュレーター**）を自ら外す／ボンベの空気を使い切ってしまう

◆溺れの予防策

潜水の種類	予防策
送気式	送気作業船に**クラッチ固定**装置やスクリュー**覆い**を取り付ける
スクーバ式	**救命胴衣**または BC（**浮力調整具**）を必ず着用する

↓ ㊟ヘルメット式ではない!!

30 潜水業務の危険性 ⑥（水域環境による危険性）

水域環境による危険性

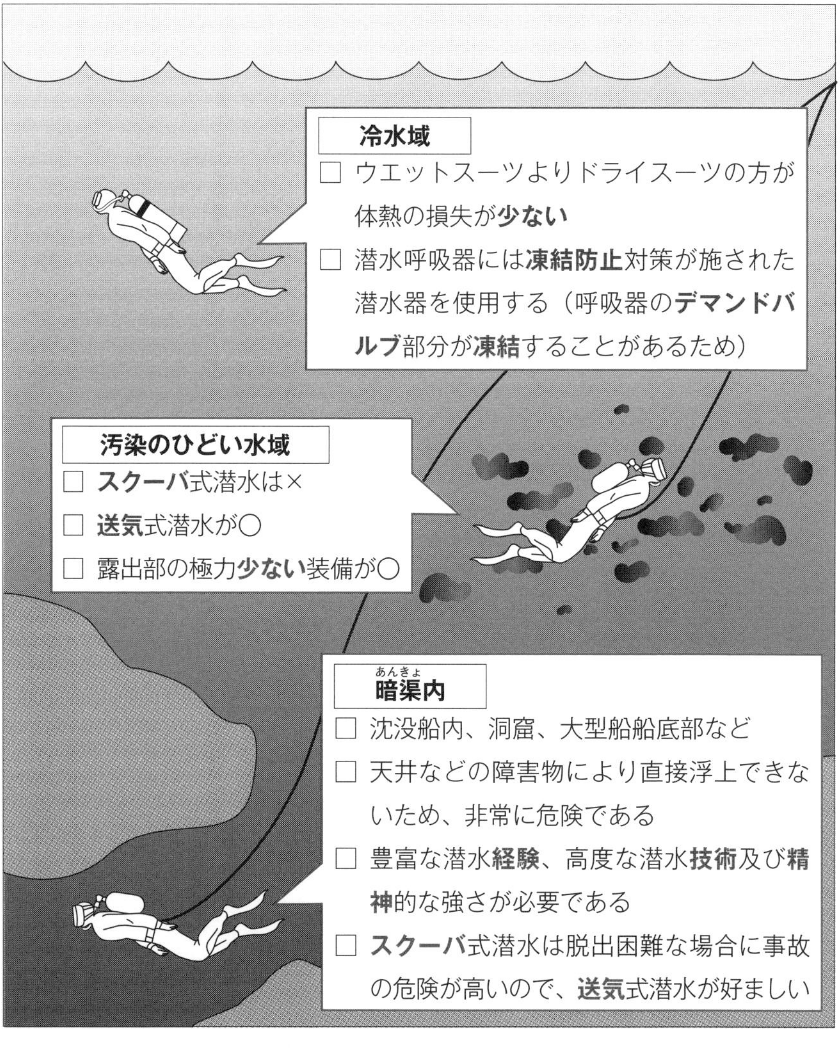

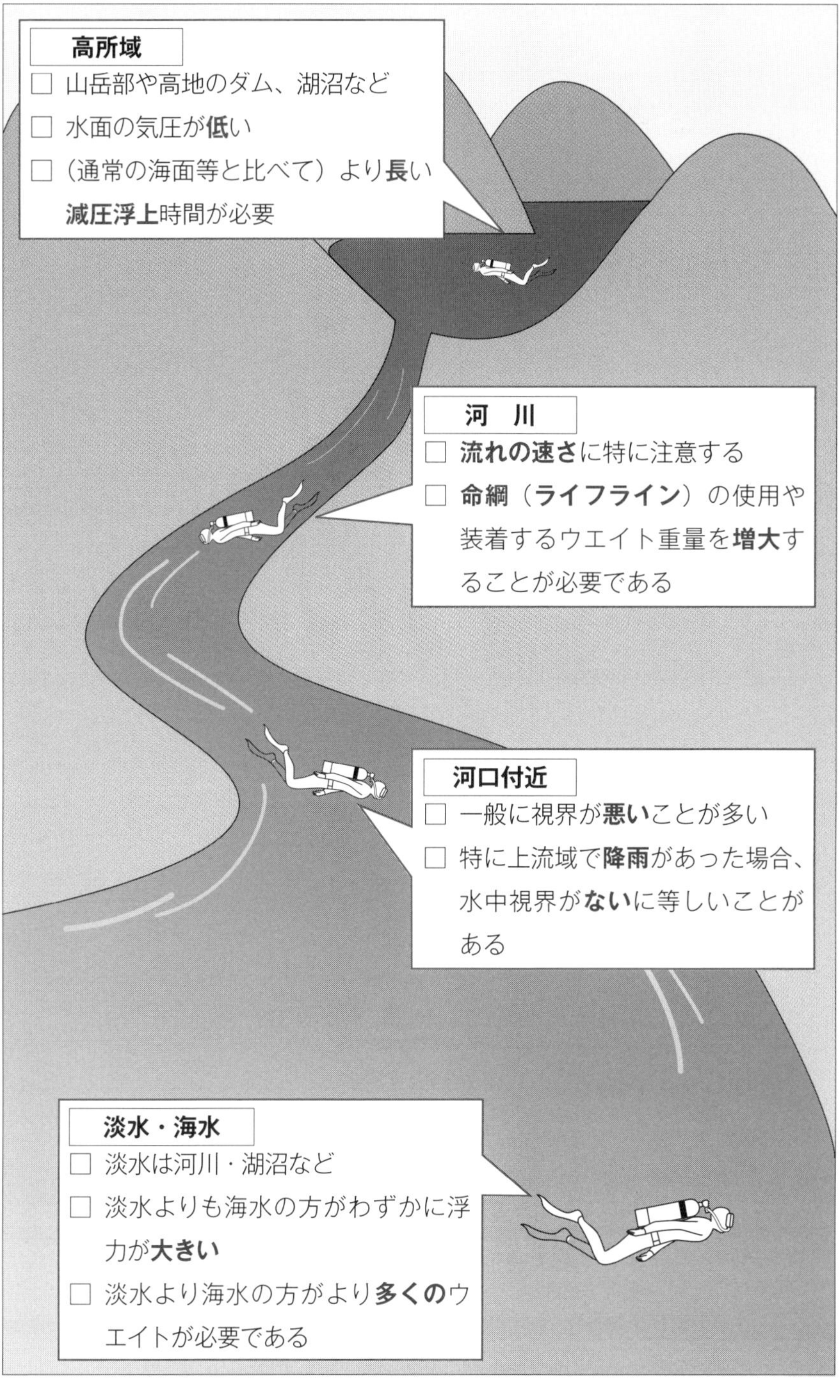
高所域
□ 山岳部や高地のダム、湖沼など
□ 水面の気圧が低い
□（通常の海面等と比べて）より長い減圧浮上時間が必要
河　川
□ 流れの速さに特に注意する
□ 命綱（ライフライン）の使用や装着するウエイト重量を増大することが必要である
河口付近
□ 一般に視界が悪いことが多い
□ 特に上流域で降雨があった場合、水中視界がないに等しいことがある
淡水・海水
□ 淡水は河川・湖沼など
□ 淡水よりも海水の方がわずかに浮力が大きい
□ 淡水より海水の方がより多くのウエイトが必要である

1 送気 ①

空気圧縮機（コンプレッサー）

□ 空気を潜水業務に使用するためには、**コンプレッサー**（**空気圧縮機**）等によって、必要な圧力まで**圧縮**する必要がある。

●分類

設置方式による分類

①**固定**式
- 陸岸から離れた作業に使用される。
- **潜水作業船**の機関室内に設置される場合が多い。

→コンプレッサーの**空気取入口**は、機関室の**外**に設置する。
（機関室内の排気ガスや油類の混入を防止し、新鮮な空気を取り込むため）

②**移動**式
- 陸岸から近い作業に使用される。
- コンプレッサー、空気槽及び原動機を組み合わせて**一体型**にしたものが多い。
- **一体型**は重量 100kg 程度に**小型**・**軽量**化されている。

圧縮方法による分類

ⅰ回転式
- スクリュー型など

ⅱレシプロ（往復動）式
- **ピストン**の**往復運動**を利用する（**ピストン**を**往復**させてシリンダー内の空気を圧縮する）

駆動方式による分類

原動機
- 1エンジン
- 2電動機（モーター）

圧力による分類
- 1常圧
- **2高圧**

□ コンプレッサーは**原動機**によって駆動するが、大出力化した主機を備える**潜水作業船**は、コンプレッサー専用の**原動機**を補機として設置することが多い。

□ **高圧**コンプレッサーは、スクーバ潜水のボンベに圧縮空気を充填《じゅうてん》するために用いる。その際の**最高充填圧力**は、一般には**20**MPa が主流であるが、最近では **30** MPa の機種もある。

●圧縮効率

□ コンプレッサーの圧縮効率は、圧力の上昇に伴い、**低下**する。

●保守・点検

□ コンプレッサーの性能等を保持するためには、原動機との**伝動**部分（ベルトなど）や**冷却装置**、**圧縮部**、**潤滑油**部分について**保守**・**点検**する必要がある。

圧縮機（圧縮部）

□ **潤滑油**は圧縮機に使用

□ **冷却装置**は圧縮機に内蔵されている

伝動部分

□ 電動機と圧縮機をＶベルトでつないだ部分

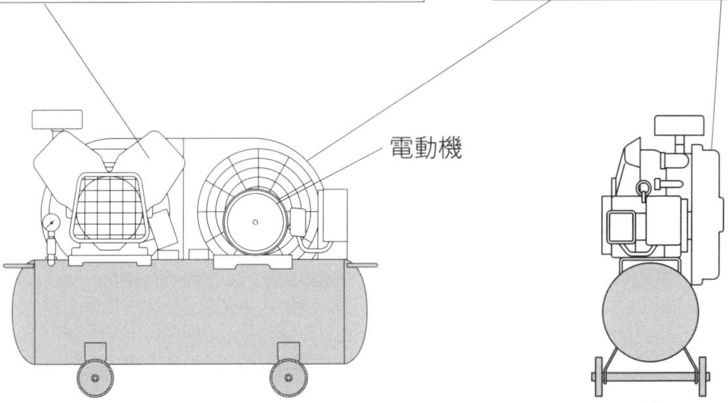

正面　　側面

2 送気 ②

送気式潜水における送気

●定量送気式の送気系統

□ 定量送気式の場合、**調節用空気槽**と**予備空気槽**が一体化されたものが多い。

例 **ヘルメット式潜水**

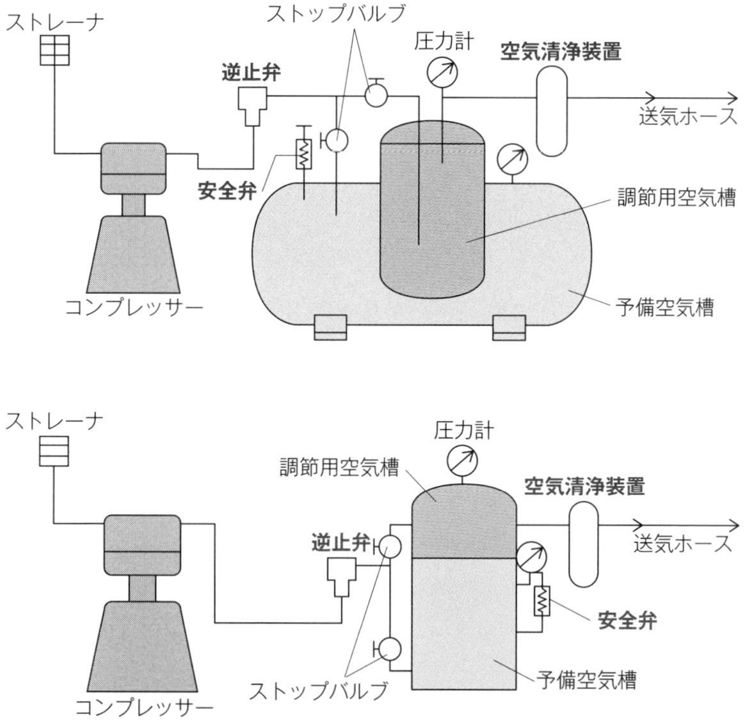

※流量計は、空気清浄装置と送気ホースの間に取りつけられる。

●デマンド（応需送気）式の送気系統

□ 潜水者が**予備ボンベ**を携行している場合、**予備空気槽**を省略できる。

例 **全面マスク式潜水**

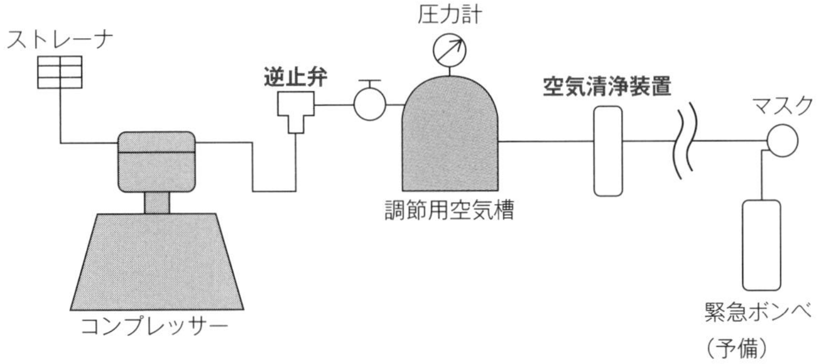

<送気式潜水における空気の流れ>

コンプレッサー→逆止弁→調節用空気槽→予備空気槽→空気清浄装置
（ヘルメット←腰バルブ←）送気ホース←流量計←

※（　）内はヘルメット式潜水の場合

◆送気系統各部の説明

<table>
<tr><th>各部の名称</th><th colspan="3">各部の説明</th></tr>
<tr><td>ストレーナ</td><td colspan="3">濾《こ》し器。コンプレッサーに異物が混入しないように、コンプレッサーの手前の、空気のきれいな場所に設置する。</td></tr>
<tr><td>逆止弁</td><td colspan="3">送られる空気が逆流しないよう、一方通行にする弁。コンプレッサーが停止した場合に、空気が逆流し漏れ出すことを防ぐため、コンプレッサーと空気槽の間に付けられる。</td></tr>
<tr><td>安全弁</td><td colspan="3">一定の圧力になると弁体が開き、空気を逃がすことで、異常圧力による事故を未然に防止する。安全逃し弁。</td></tr>
<tr><td>ストップバルブ</td><td colspan="3">点検時など空気をしっかり止めるための切替え用バルブ。</td></tr>
<tr><td>空気清浄装置</td><td rowspan="4">p.73 参照</td><td>各部の名称</td><td>各部の説明</td></tr>
<tr><td>流量計</td><td>コンプレッサー</td><td>p.68、69 参照</td></tr>
<tr><td>圧力計</td><td rowspan="2">調節用空気槽
予備空気槽</td><td rowspan="2">p.72 参照</td></tr>
<tr><td>送気ホース</td></tr>
</table>

3 送気 ③

送気式潜水に使用する設備又は器具

●空気槽

- □ コンプレッサーからの圧縮空気は、断続的な**脈流**になって送られてくるので、いったん**調節用**空気槽に貯めて流れを整えてから、送気を行う。
- □ **予備**空気槽は、故障などにより圧縮空気の製造が中断した場合に備えて、必要な空気をあらかじめ蓄えておくためのものである。
- □ 作業開始前と終了後に、**逆止弁**や**安全弁**、ストップバルブ等を点検して、**空気漏れ**の有無を確認する。

調節用空気槽	• 高温で送られてきた圧縮空気は調節用空気槽に貯められることで冷却され、**水分**・**油分**が**分離**される。 • **分離**された**水分**・**油分**は、潜水作業**開始前**と**終了後**に、ドレーンコックから、他の汚物とともに**排出**させる。 • 槽内に残った**圧縮空気**も、潜水作業**開始前**と**終了後**に、**全て**ドレーンコックから排出させる。 ㊟「内部に 0.1MPa 程度の空気を残しておかなければならない」は頻出の間違い！内部に空気を残しておくのは**スクーバ**潜水で使用する**ボンベ**である（ボンベ内部への水の侵入を防ぐため）。
予備空気槽	• 潜水開始**前**に、予備空気槽に圧縮空気を送り込み、槽内の圧力がその日の**最高潜水深度**の圧力の **1.5** 倍以**上**になっていることを確認しなければならない。

●その他設備および器具

圧力計

□ **空気槽**に取り付けられている。

□ 所定の圧力以上で送気されているかを確認するための計器。

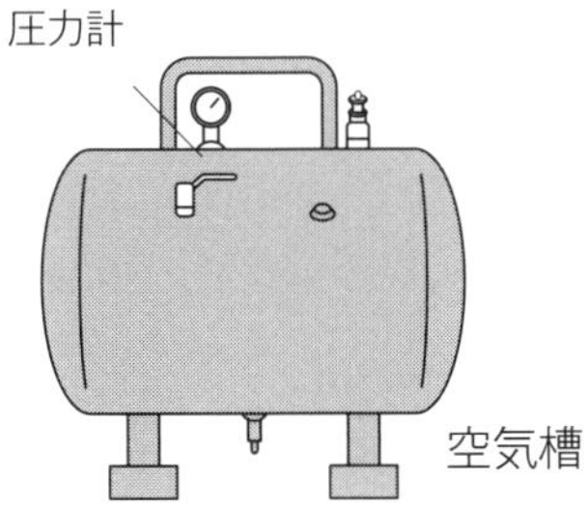

送気ホース

□ 全面マスク式潜水では、ゴム製で、通常、呼び径**8**mmのものを使用。ヘルメット式潜水の呼び系13mmより**細**い。

□ 比重により「沈用」「半浮用」「浮用」の3種類があり、**作業内容**によって使い分けられる。

□ 始業**前**に耐圧テスト（ホースの**最先端**を**閉じ**、最大使用圧力**以上**の圧力をかけて、**耐圧**性と**空気漏れ**の有無を点検、確認）を行う。

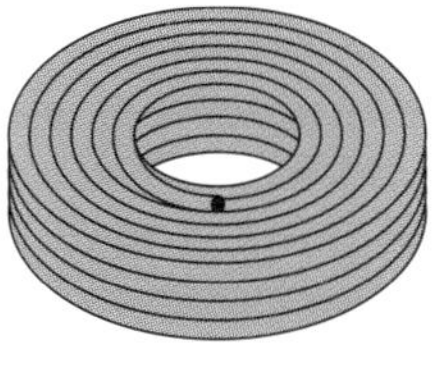

空気清浄装置

□ 圧縮空気に含まれる**水分**や**油分**、**臭気**などを除去する。

□ 清浄材は**フェルト**や活性炭など。

□ 二酸化炭素や一酸化炭素を除去することはできない。

□ **空気槽**に組み込まれていることが多い。

□ **1**か月に1回以上の点検をしなければならない。

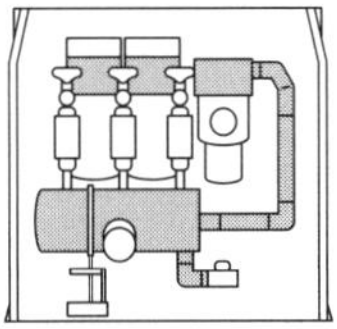

流量計

□ 潜水作業者に適量の**空気**が**送気**されていることを確認する計器。

□ **空気清浄装置**と**送気ホース**の間に配置される。

□ 特定の送気圧力による流量が目盛られているので、その圧力以外で送気する場合、**換算**が必要。

□ **6**か月に1回以上の点検をしなければならない。

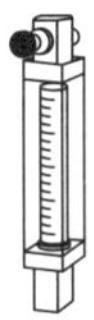

4 送気 ④（送気式潜水器❶）

ヘルメット式潜水器

●ヘルメット

□ ヘルメットはヘルメット本体と**シコロ**で構成されている。

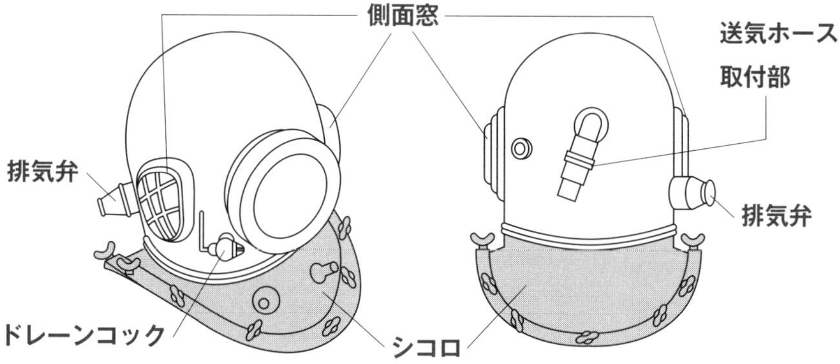

斜め前から見た場合　　後ろから見た場合

各部の名称	具体的説明
シコロ（かぶと台）	• 使用時は、潜水服の**襟ゴム**部分に**シコロ**を取り付けた上、**押え金**と**蝶ねじ**で固定する。
排気弁（キリップ）	• 浮力調整のため、**余剰空気**や**呼気**を排出する弁。 • 潜水作業者が自分の**頭部**を使って操作する。
送気ホース取付部	• 空気が逆流しないよう**逆止弁**が設けられている。
ドレーンコック	• **唾**をヘルメット外へ排出するためのもの。
側面窓	• ヘルメット両側面に設けられたガラス窓。 • ガラス破損防止用に金属製**格子**が取り付けられている。

●潜水服など

腰バルブ

□ 送気ホースからヘルメットに入る空気量（**送気**量）を調整するときに使用する。

鉛錘（ウエイト）

□ 使用する重さは、1組で約**30**kg。

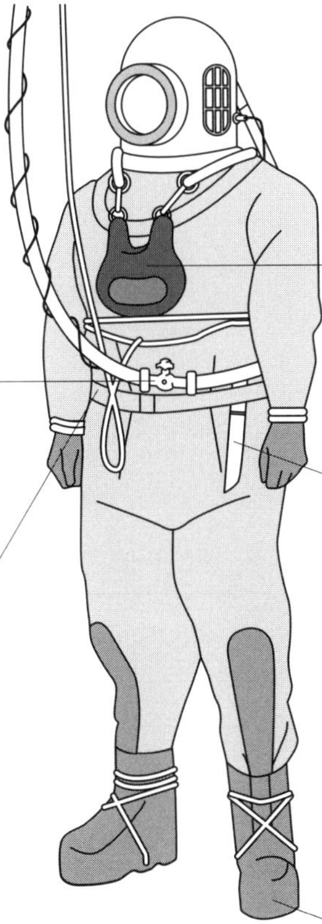

ベルト

□ 潜水服内の空気が**下半身**に入り込み逆立ち状態になり、吹き上げのおそれがあるため、腰部を**ベルト**で締め付けて、**下半身**に空気が一気に入り込むことを防いでいる。

潜水靴

□ ヘルメット式潜水では、浮力が大きくなりがちなため、**姿勢の安定**のために、**重量のある**ものを使用する。

5 送気 ⑤（送気式潜水器❷）

全面マスク式潜水器

●全面マスク

◆全面マスクの種類

通常タイプ	**簡易**タイプ	**ヘルメット** タイプ	**バンドマスク** タイプ
		混合ガス潜水	
	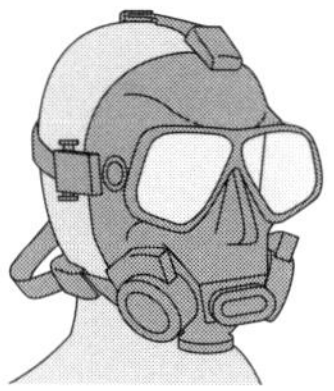	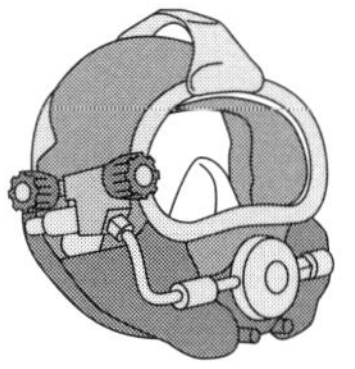	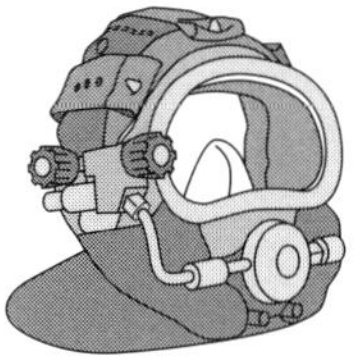
・全面マスクに専用の潜水呼吸器が組み込まれたタイプ	・全面マスクに**スクーバ**用の**セカンドステージレギュレーター**を取り付けるタイプ	・デマンド式呼吸器を装備する ・頭部全体が完全に覆われ、水に触れない構造	・デマンド式呼吸器を装備する ・大型バンドでマスクを顔面に押し付けて固定する構造

□ 全面マスク内には、口と鼻を覆う**口鼻マスク**が取り付けられている。

□ 潜水作業者は、**口鼻マスク**を介して**給気**を受ける。

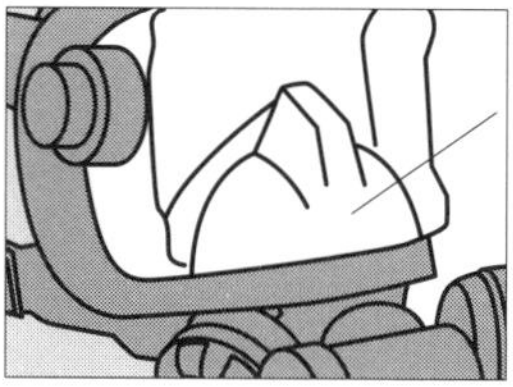

口鼻マスク

●その他の潜水器具

□ 全面マスク潜水器は、ヘルメット式潜水器より**少ない**送気量で潜水できる。

緊急ボンベ

□ 送気中断などの事故に備えて、小型の**緊急**ボンベを携行することがある。

□ **予備**ボンベともいう。

□ **6か月**に1回以上の**定期点検**を義務づけられている。

□ 点検内容は、高圧の空気を充填する容器であることから、**耐圧検査**が課せられる。

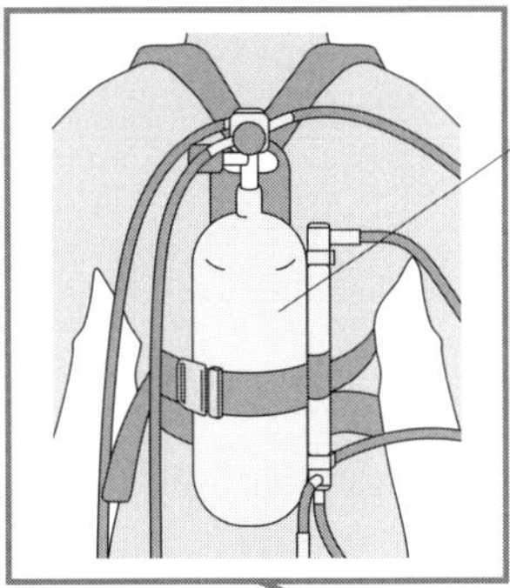

潜水服

□ **ドライ**スーツ、**ウエット**スーツどちらもOK（**ドライ**スーツ･**ウエット**スーツの詳細はp.83参照）

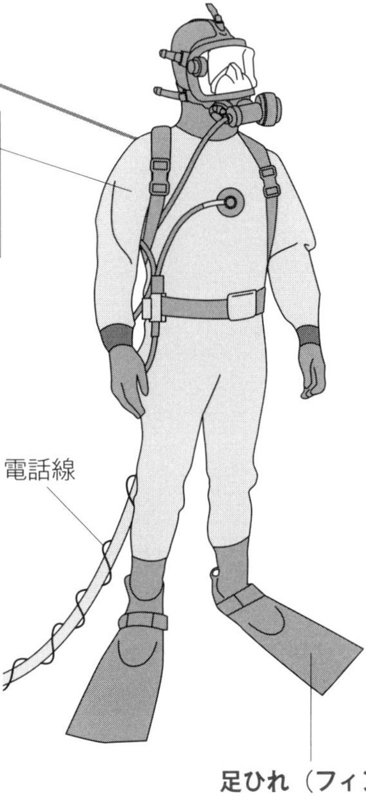

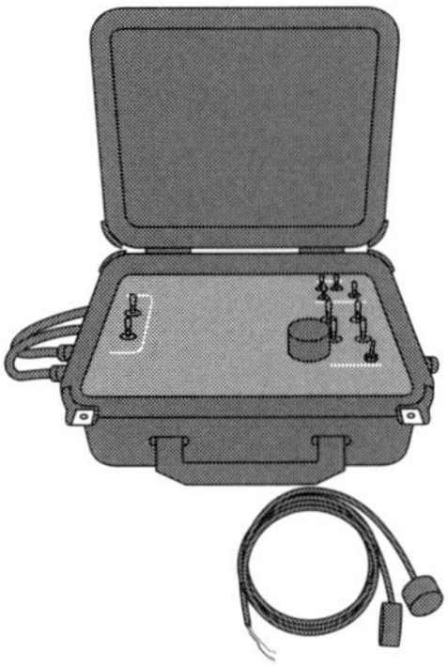

水中電話

□ **マイクロフォン**は口鼻マスクに取り付ける。

□ **イヤホン**は耳の後ろ付近に**ストラップ**を利用して固定する。

6 給気 ①

自給気式潜水における給気

●自給気式潜水

□ 自給気式水中呼吸器（**s**elf-**c**ontained **u**nder-water **b**reathing **a**pparatus）の頭文字をとって**スクーバ**（**SCUBA**）式潜水ともいう。

□ **スクーバ**式潜水は、圧縮空気を充填した**高圧ボンベ**を携行して、その**高圧ボンベ**から給気する潜水方式である。

●潜水可能時間

□ 外部から送気される送気式潜水と異なり、自給気（スクーバ）式潜水においては、携行**ボンベ**から給気することから、「一定の空気量の**ボンベ**がある場合に、どのくらいの時間、潜水することが可能か」（**潜水可能時間**）を計算することがとても重要である。

□ 潜水可能時間は❶**高圧ボンベ**の**空気容量**、❷潜水者の**空気消費量**から求める。

❶高圧ボンベの空気容量

□ まずは高圧ボンベにどのくらいの空気が入っているのかを求める。

ポイント① 高圧ボンベに充填されている圧縮された空気は、圧力がかかった空気のことであるから、その空気量を求めるには、圧力と体積に関する法則である**ボイルの法則**（p.16 ～ 19）を用いる。

ポイント② 使用できる空気量は、**大気圧下**でどのくらいの空気量かである。

例 1　内容積 10L、空気圧力 19MPa（ゲージ圧力）の空気ボンベの空気容量を求めよ。

ボイルの法則❷ （p.17 参照）

$$P_1V_1 = P_2V_2$$

$$0.1V_1 = 19 \times 10$$

$$V_1 = 1900 \text{ (L)}$$

大気圧下（**0.1**MPa）では 19MPa × 10L の空気ボンベの空気容量はどのくらい？

❷潜水者の空気消費量

潜水者の空気消費量＝平均呼吸量×当該水深下の絶対圧力

p.13 参照

例 2　毎分 20L の呼吸を行う潜水者の、水深 20m における空気消費量を求めよ。

空気消費量＝ 20（L/ 分× 3（**絶対圧力**））
＝ **60**（L/ 分）

水深 20 mにおける絶対圧力は 3

❸潜水可能時間

潜水可能時間＝❶高圧ボンベの空気容量÷❷潜水者の空気消費量

例 1・2　潜水可能時間＝ 1900 ÷ 60
＝ 31.6666　≒ **31**（分）

試験では「ボンベの残圧が 5 MPa になったら浮上するものとする」と条件がついていることが多いです。
その場合、例 1 P_2 において残圧分を引いて、

$$P_1V_1 = P_2V_2$$

$$0.1V_1 = (19 - 5) \times 10$$

$$V_1 = 1400 \text{ (L)}$$

と求めます。この場合の潜水可能時間は下記のとおりです。
潜水可能時間＝ 1400 ÷ 60 ＝ 23（分）

7 給気 ②

自給気（スクーバ）式潜水器①

●ボンベ

項目	具体的内容	
種類	**スチール**ボンベ	□クロムモリブデン鋼などの鋼合金で製造されたもの
種類	**アルミ**ボンベ	□アルミ合金で製造されたもの
検査	□**耐圧**、衝撃、**気密**などの検査が行われる。	
刻印	□検査を受けた項目のうち、**最高充填圧力**など主なものが刻印される。	
塗色	□充填間違いを防ぐため、ガスの種別に従い、塗色されている。 □空気専用ボンベは、表面積の **1/2** 以上が**ねずみ**色に塗色されている。	
容量	□一般に、内容積 **4** ～ **18**L □充填圧力は **19.6**MPa（ゲージ圧力）	
使用後の取扱い	□十分に**水洗い**をし、外観におけるサビの発生や傷、破損の有無を確認する。 □水の侵入防止のため、**1 MPa** 程度の**空気**を残した状態で保管する。 □**炎天下**に放置しないようにする。	
充填	□充填空気に、**一酸化炭素**等や**油分**が混入しないように注意する。 □**湿気**を含んだ空気は、内部にサビ発生の危険があるため、充填禁止。	

□ ボンベは通常、バルブを取り付けて使用する。

□ バルブには、内部圧力が過剰に上昇した時に内部空気を逃がす**安全弁**がある。

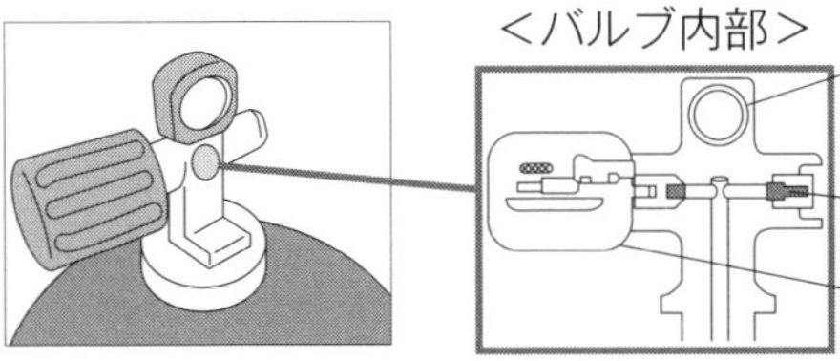

●圧力調整器（レギュレーター）

□ ボンベ内の高圧空気を❶ 1MPa（ゲージ圧力）前後まで減圧する**ファーストステージ**（第 1 段減圧部）と、さらに❷**潜水深度**の圧力まで減圧する**セカンドステージ**（第 2 段減圧部）と、それらをつなぐ❸**中圧ホース**によって構成されている。

❶ファーストステージ

□ 高圧空気を 1MPa（ゲージ圧力）前後まで減圧する第 1 段減圧部

ボンベへの圧力調整器の取り付け

□ **ヨーク**（接続部）をボンベのバルブにはめ込み、**ヨークスクリュー**（ねじ）で固定する。

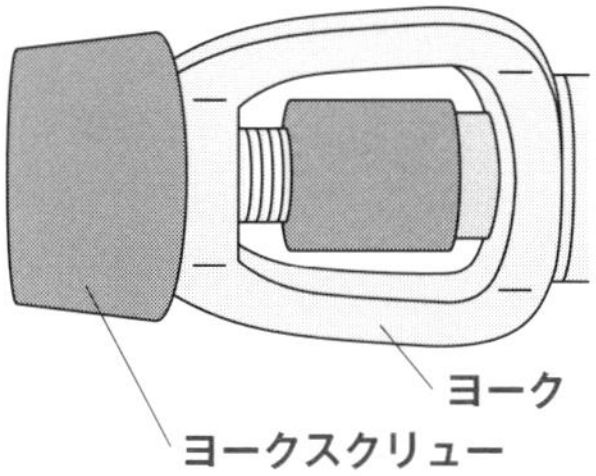

各ホースの取り付け

□「**HP**」と刻印された**高**圧空気取出し口には、**高**圧ホースを取り付ける。
□「LP」と刻印された**中**圧空気取出し口には、**中**圧ホースを取り付ける。

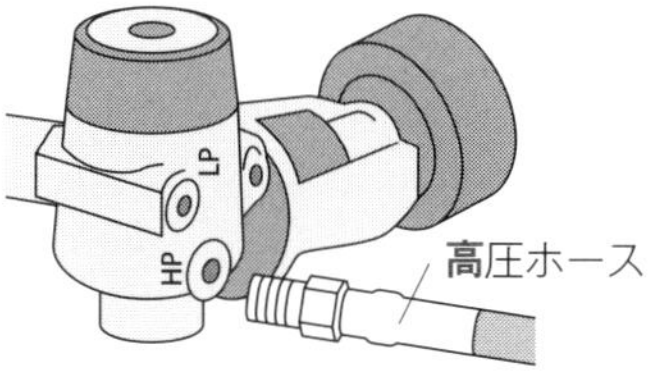

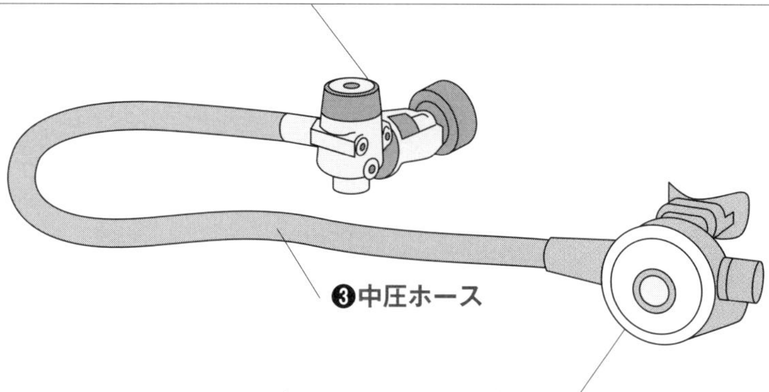

❷セカンドステージ

□ **ファーストステージ**で減圧された空気をさらに**潜水深度**の圧力まで減圧する第 2 段減圧部

●潜水前の点検

1 ボンベのバルブを開け、送気した**空気の漏れ**がないか確認する。
2 セカンドステージの**マウスピース**をくわえて**呼吸**し、異常の有無を確認する。

8 給気 ③

自給気（スクーバ）式潜水器②

●残圧計

□ ボンベ内の空気残量を把握するため、ボンベの**残圧**を表示する圧力計。

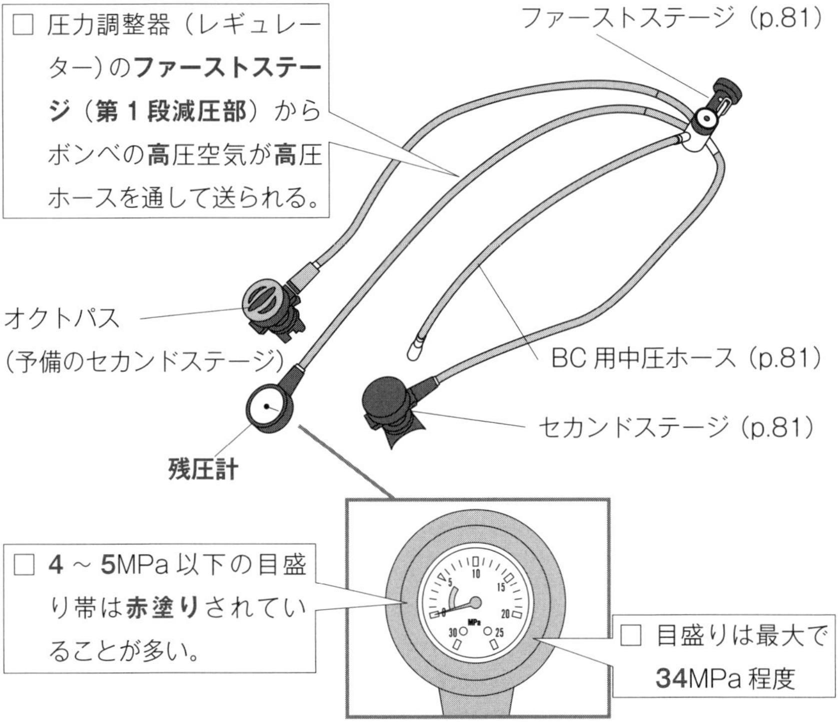

□ 残圧計には**高**圧空気が**高**圧ホースを通じて内部に入ってきて、破裂等の危険があることから、顔をなるべく**近づけ**ず、ゲージの針は**斜め**に見るようにする。

□ 残圧計と水深計とを組み合わせたコンボゲージもよく使用される。

●潜水服

□ ウエットスーツとドライスーツの２種類がある。

ウエットスーツ	ドライスーツ
• 素材は**ネオプレンゴム** （スポンジ状で内部に多くの気泡を含む） • 内面（又は内外両面）が**ナイロン**張り	• 素材はウエットスーツと同じ • 完全水密構造 • 保温性が高い • **給気弁**と**排気弁**がついている。 給気弁 → **レギュレーター**の**ファーストステージ**(**第１段減圧部**)から空気を入れるもの 排気弁 → スーツ内の**余剰空気**を排出するためのもの

●面マスク

□ 顔との**密着**性が特に重要である。

□ ストラップをかけ**ない**状態で、顔にマスクを押し付けて**鼻**から呼吸を行い、**漏れ**がないものを使用するようにする。

●足ひれ（フィン）

□ **フルフィット**タイプと**オープンヒル**タイプの２種類がある。

フルフィットタイプ	**オープンヒル**タイプ
ブーツを履いたままはめ込むタイプ 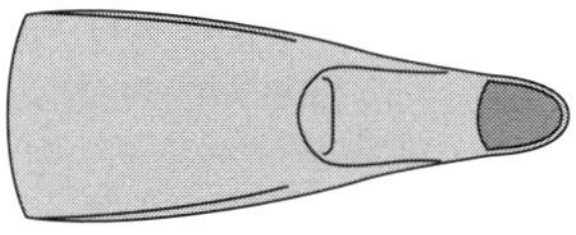	つま先だけを差し込み、かかとをストラップで固定するタイプ 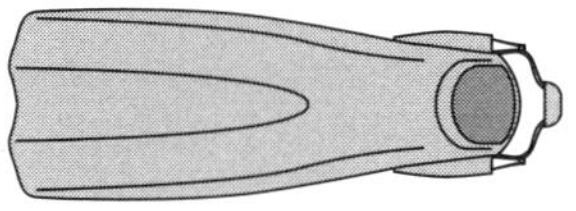

9 給気 ④

自給気（スクーバ）式潜水器③

□ 事故に備えて、必ず**浮力調整具**（**BC**）または**救命胴衣**を装着しなければならない。

●救命胴衣

□ 通常は、首にかけて胸に装着する。

□ 緊急時に**引き金**を引くと、備えられた**液化炭酸**ガス（または空気ガス）ボンベから出たガスによって、救命胴衣が**膨張**するしくみになっている。

浮力調整具（BC）が開発される前までは、ボンベはハーネスで固定し、救命胴衣で浮力を調整していました。現在、浮力調整は浮力調整具（BC）で行い、救命胴衣はあくまで水面で浮力を確保するために使われます。

●ハーネス

□ ボンベを背中に固定するための装具。

□ ボンベを固定するためのプラスチック製の板（**バックパック**）、**ナイロンベルト**及び**ベルトバックル**から構成される。

＜ボンベなしの状態＞

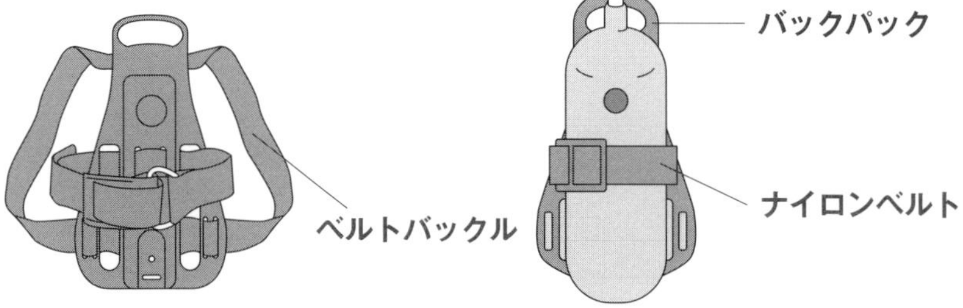

●浮力調整具（BC）

- □ 圧力調整器（レギュレーター）の**ファースト**ステージに接続した**中**圧ホースを介して入った空気により、空気袋部分が膨張することで浮力を得るものである。
- □ **B**uoyancy **C**ompensator の頭文字をとって、**BC** と呼ばれる。

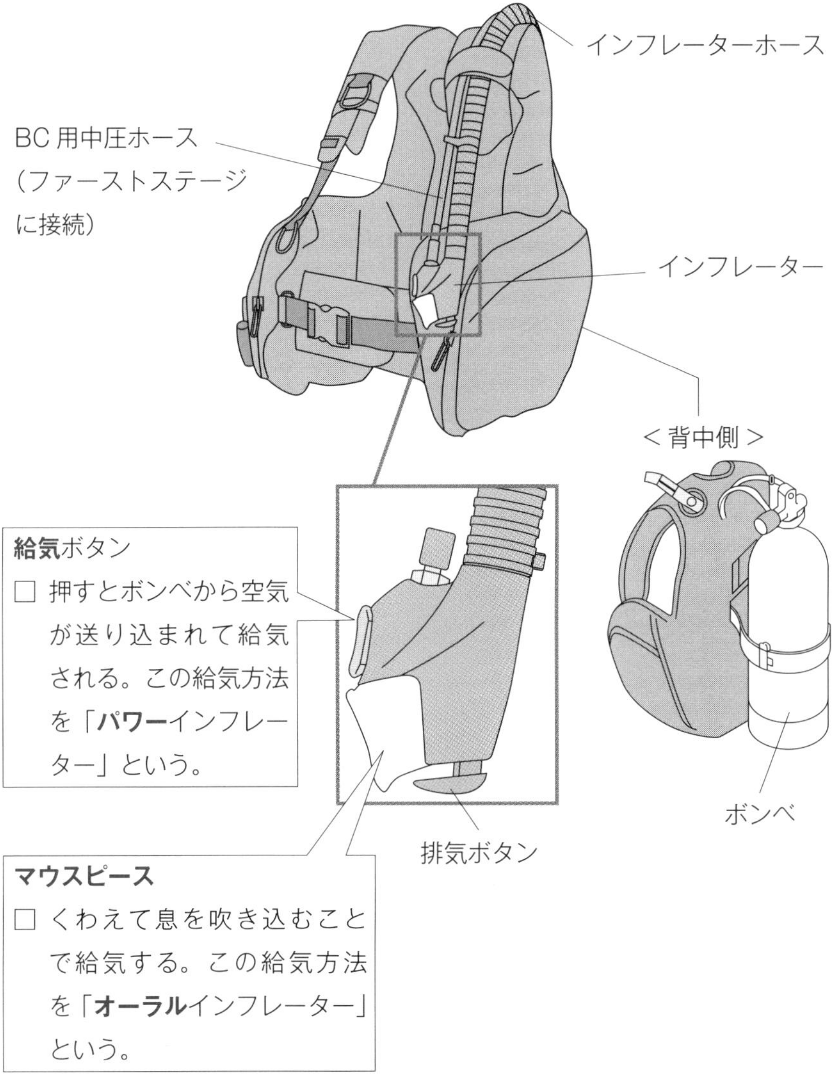

10 送気および給気

その他の装備

●潜降索（さがり綱）

□ 潜降および浮上の際に使用されるロープ。

□ 高気圧作業安全衛生規則（高圧則）で設置・使用が義務づけられている（p.138 ～ 139 参照）。

◆全面マスク式を例とした装備の名称

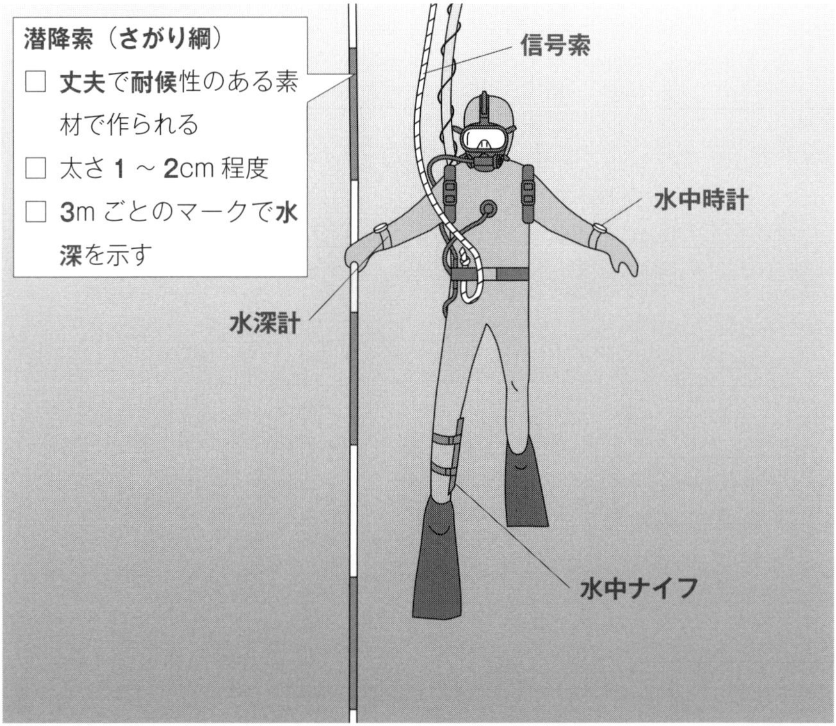

●水深計

□ 潜水者が潜水深度を正確に知るためのものである。

□ 高圧則により、携行を義務づけられている（水中電話がない場合はp.144 参照）。

□ 1 本が**現在**の水深を、もう 1 本が潜水中の**最大**深度を表示する方式のものが望ましい。

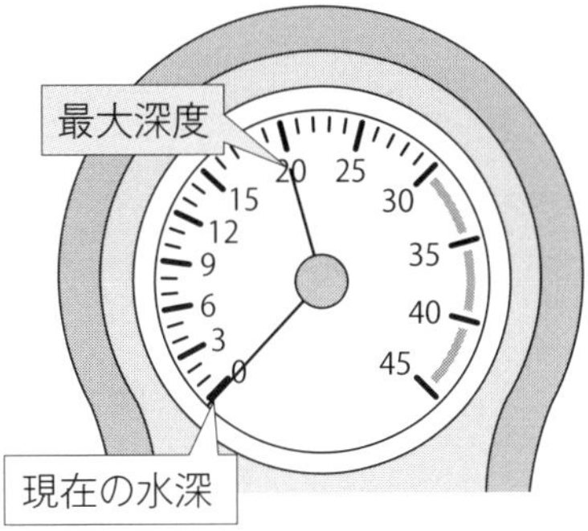

●水中時計

□ 潜水者が潜水時間を正確に知るためのものである。

□ 高圧則により、携行を義務づけられている（水中電話がない場合は p.144 参照）。

□ 水中時計には、現在時刻や潜水経過時間を表示するだけでなく、潜水深度の**時間的経過**（**潜水プロフィール**）の記録が可能なものもある。

●信号索

□ 潜水作業者と船上との**連絡**に使われる。

□ 命綱の役割も果たす。

□ **水中電話**がある場合、及びスクーバ式潜水の場合には携行の義務はないが（p.144 参照）、**水中電話**の故障等に備えて用意しておくことが望ましい。

●水中ナイフ

□ 魚網が絡みつくなど、身体拘束されてしまった場合の脱出用に必要である。

□ 送気式潜水（ヘルメット式、全面マスク式）、自給気（スクーバ）式潜水のすべてに携行が**義務づけ**られている（p.144 参照）。

イラストでは、全面マスク式潜水を例としましたが、ヘルメット式潜水やスクーバ式潜水でも、これらの装備は基本的には同じです。
装備の義務については p.144 で詳しく説明します。

11 潜降 ①

スクーバ式潜水における潜降

❶エントリー

■船からエントリーする場合

船の舷～水面の高さにより、適した入水方法が異なる。

<table>
<tr><td>1.5
m
超</td><td colspan="2">安全のため、潜水はしごを使ってエントリーする。</td></tr>
<tr><td>1
～
1.5
m
程度</td><td>ステップイン法
片手でマスクを押さえながら、大きく足を開いた姿勢のまま、足から先に入水
</td><td>バックロール法
船縁に内側を向いて座り、あごを引いて面マスクとレギュレーターを保持し、後方へ回転しながら入水
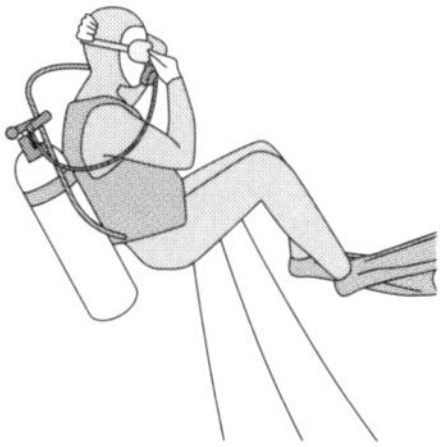</td></tr>
</table>

■岸からエントリーする場合

- ウエットスーツの場合

  水が**腰**の高さにくる地点まで歩いていき、水平姿勢になる。

- ドライスーツの場合

  水が**肩**の高さにくる地点まで歩いていく。そこでスーツ内の**余分な空気**を排出する。

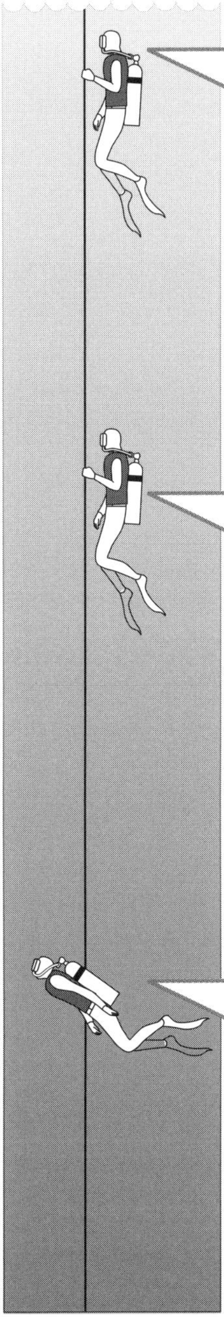

❷潜降スタート

□ **レギュレーター**の**マウスピース**に空気を吹き込み、セカンドステージの**低圧室**と**マウスピース**内の水を押し出してから呼吸を開始する。

- **浮力調整具（BC）装着の場合**

インフレーターを**肩**より上に上げ、**排気**ボタンを押すと、BC内の空気が抜けて潜降を開始する。

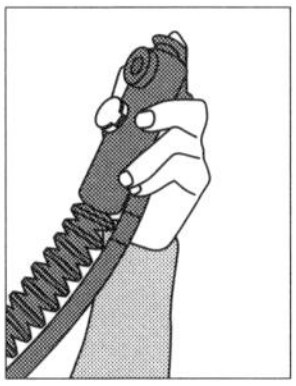

❸潜降中

- **耳の痛みを感じた場合**

□ いったん止まって**耳抜き**を行う。耳抜きが十分でない時は、無理に潜降しようとせず中止を検討する。

- **マスク内に水が侵入してきた場合**

❶深く息を吸い込んで、マスクの**上**端を**顔**に押し付ける。

❷**鼻**から強く息を吹き出して、マスク**下**端から排水する。

❹遊泳中

- **呼吸**

○ **一定**のリズムで行う。

× **スキップブリージング**（**断続**的･**間欠**的呼吸）

- **腕の位置**
  - 通常：両腕を伸ばし、**体**側につける。
  - 視界不良の場合：**前**方に伸ばして、障害物の有無を確認する。

12 潜降 ②

送気式潜水における潜降

❶エントリー

□ 送気ホースにより行動範囲が制限されるため、通常船か桟橋からエントリーを行う。

潜水はしごや潜水ステージを用いる方法

潜水はしごなどで水面へと降りたら、まず**頭部**まで水中に沈んで**潜水器**の状態を確認する。

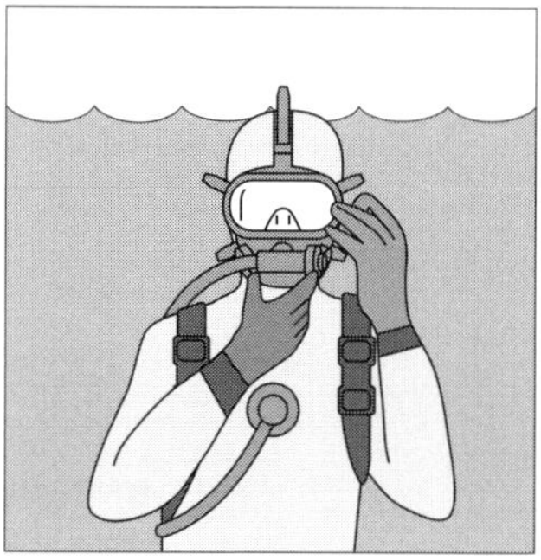

ステップイン法

片手でマスクを押さえながら、大きく足を開いた姿勢のまま、**足**から先に入水する（p.88 参照）。

□ 不慣れな水域などでは、飛び込みであるステップイン法は避けて、潜水はしご等を用いる。

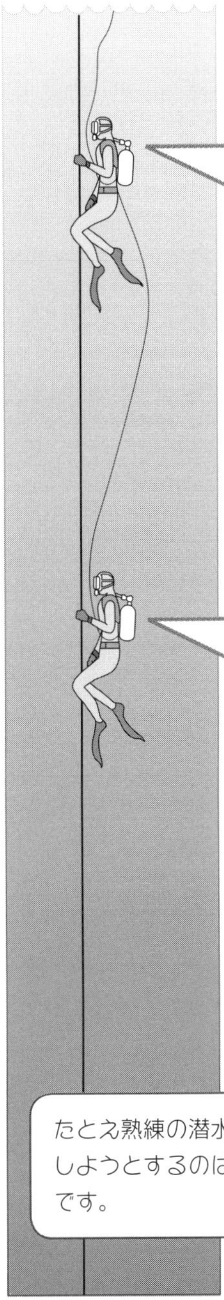

❷潜降スタート

・さがり綱（潜降索）

□ たとえ熟練の潜水者であっても、必ず**さがり綱（潜降索）**を使用する。

□ **さがり綱（潜降索）**は**両足**の間に挟み、**片手**で**さがり綱（潜降索）**をつかむようにしながら**徐々**に潜降する。

□ 送気ホースは腕に **1** 回転巻きつけておく。

□ **潮流がある場合は**、潮流によって**さがり綱（潜降索）**から引き離されることを防止するために、潮流の方向に**背**を向ける。

❸潜降中

・耳の痛みを感じた場合

□ いったん止まって**耳抜き**を行う。耳抜きが十分でない時は、無理に潜降しようとせず、**中止**を検討する。

・信号索による連絡を行う場合

□ 潜水作業者と連絡員の間で信号索により連絡を行うときは、信号を受けた受信者は必ず発信者に対して**同じ**信号を送り返す。

たとえ熟練の潜水者でも、排気弁等の調整のみで潜降しようとするのは、潜水墜落の危険があるので要注意です。

13 浮上①

スクーバ式潜水における浮上

▶▶▶ なるほどワード リザーブバルブ付きボンベ

残圧計がまだ普及していなかった頃に、残圧計の代用として普及していたのが、**リザーブバルブ**付きボンベです。

リザーブバルブとは、浮上するための空気をリザーブ（reserve）しておく（＝使わずにとっておく）装置が組み込まれているバルブのことをいいます。

この**リザーブバルブ**がついているボンベは、ボンベ内の残圧が一定まで低下すると、吸気抵抗がおこるか、給気が止まります。潜水者はこれらを感じたら、**リザーブバルブ**（のプルロッド）を引き浮上を開始しなければなりません。

ただし、残圧計の普及により、ボンベ内の圧力を管理できるようになったので、リバーブバルブ付きのボンベの使用は少なくなっています。

❶浮上の開始

□ 以下のような場合、浮上を開始する、または開始しなければならない。

- 水中での作業を終了した場合
- 浮上開始予定時間になったとき
- **残圧計**の針が警戒領域に入ったとき

＜**リザーブバルブ**付きボンベ使用時＞

- 給気が止まったとき
- 吸気抵抗を感じたとき

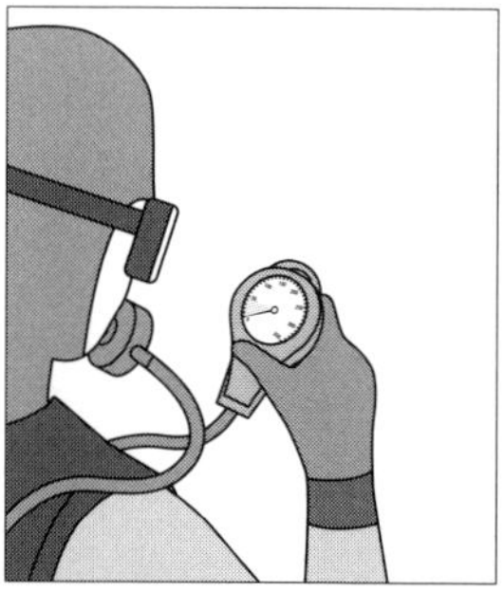

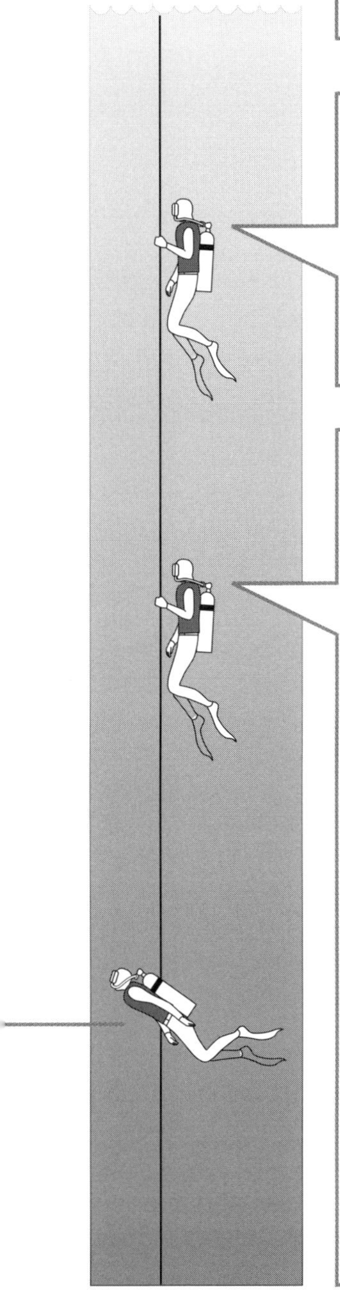

❹エギジット

□ 潜水はしご等を使って、水から出る。

❸浮上停止

□ 減圧スケジュール（p.98）に従った浮上停止深度・時間で浮上停止を行う。

□ 安全のため、減圧表（p.98）で**無減圧**の範囲にある場合であっても、水深 **3** m前後で、約 **5** 分間、浮上停止をすることが望ましい。

❷浮上中

❶浮上速度に気をつける。

□ 毎分 **10**m 以下の速度で浮上。

□ 排気した気泡を追い越**さない**速度を目安とする。

□ 浮力調整具（BC）を装着している場合、**インフレーター**が押せる状態で浮上する。

□ **救命胴衣**による浮上は禁止（速度調整困難なため）。

❷浮上中は周囲の障害物に注意する。

□ **上**を見ながら**両手**を**頭上**に伸ばして浮上する。

□ 体を **360°** 緩やかに**回転**させながら浮上する。

緊急事態発生

□ ボンベの空気切れなど緊急事態が発生した場合、バディから空気供給を受け緊急浮上を行う。

□ 1 つのセカンドステージをバディと交互に呼吸する**バディブリージング**は、肺圧外傷の危険が高いため、訓練を受けた者でないと危険である。

14 浮上 ②

適正な浮上速度の制定 ①

●減圧理論

□ 減圧症（p.112）の原因と考えられる不活性ガス（窒素）の気泡化を避けるために、人体を複数組織ごとにモデル化したモデル理論を減圧理論という。

□ ホールデン理論→ワークマン理論→ビュールマン理論と進化を辿ってきた。

●ホールデン理論

❶**不活性ガス**が組織内で気泡化しない周囲との圧力差は **2：1** である。

□ すべての組織は、不活性ガスの圧力が周囲の圧力の **2** 倍になるまでは、気泡を形成しない。
その後、この 2：1 の考え方はすべての組織にはあてはまらないことがわかり、M 値の考え方につながっていく。

❷人体は、組織によって、**不活性ガス**の吸収・排出のスピードが異なる。

□ 組織への**血液**供給（灌流《かんりゅう》）の量が異なることが原因と考えられている。

□ **血流**が**豊富**な組織は、不活性ガスの吸収・排出のスピードが早く、**血流**が**乏しい**組織は、不活性ガスの吸収・排出のスピードが遅い。

❸不活性ガスの吸収・排出は、指数関数的に進行する。

□ 組織への不活性ガスの吸収・排出は、最初は**早く**、次第に**緩やか**に進行する。

●ワークマン理論

1 不活性ガス（窒素）が組織内で気泡化しない周囲との圧力差は、組織により**異なる**。

↓

人体が許容できる半飽和組織ごとの最大の不活性ガス分圧を**M値**とする。

□ 最大窒素許容値（**M**aximum Allowable Value）

□ 半飽和時間が長い組織ほど**小さい**。

□ 潜水深度が深いほど**大きい**。

2 **半飽和時間**の違いにより、生体組織を９つの組織コンパートメント（身体区画）に分類する（**半飽和組織**）。

●ビュールマン理論（ZH-L16モデル）

□ 現在、最も多くのダイビングコンピュータで用いられている。

□ ホールデン理論とワークマン理論を基礎に、より細かく分類をした。

2′ **半飽和時間**の違いにより、生体組織を**16**の組織コンパートメントに分類する（**半飽和組織**）。

減圧理論は、あくまで浮上速度の計算に必要な理論です。ですから、「**組織**」とは、あくまで理論的仮説であり、肺細胞など人体の具体的組織と対応するわけではありません。「**仮想組織**」のようなものです。
同様に、ビュールマンなどが提唱する組織コンパートメントもあくまで理論上の（仮想）身体区画で、**具体的に肺や足などの部位を表しているわけではありません。**
実際は半飽和時間が短い組織（＝血流が豊富な組織）としては血液や肺、脳などが対応するとされていますが、それも１つ１つの組織全てを計算することは困難ですから、ある程度仮説的に組織する必要があるのです。

15 浮上 ③

適正な浮上速度の制定 ②

ここでは、減圧理論に出てくる用語の解説を行います。試験ではビュールマンの ZH-L16 モデルに関する問題として頻出です。苦手な方は、特に、一通り目を通しておくと良いでしょう。

半飽和時間・半飽和組織

半飽和時間は、「ある組織への不活性ガスの分圧が半飽和の量になるまでにかかる時間」をいいます。不活性ガスが組織に溶けこむことのできる最大量の半分の量に達することを**半飽和**といい、溶けこむことのできる最大量に達することを**飽和**といいます。

半飽和組織は、「生体組織をその**半飽和時間**ごとに区分けした各区分」をいいます。

これはどのように導かれるのでしょうか？

「不活性ガスの吸収・排出は、指数関数的に進行する」ことが、ホールデンによって突き止められたことは前述のとおりです(p.94)。

「指数関数的に」とは、これも前述のとおりですが、この場合、「最初は**早く**、次第に**緩やか**」な曲線を描いて進むことをいいます。

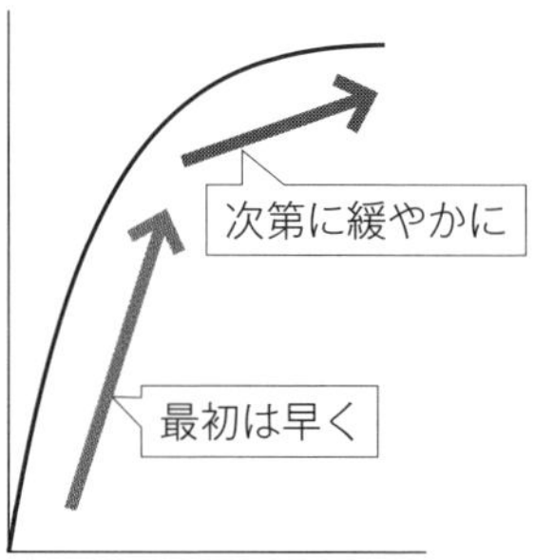

ホールデンは、さらに、この「指数関数的に」進行することを、「**半飽和時間**」（ハーフタイムともいいます）という概念で表現したのです。

半飽和（50%飽和）状態を１回目とします。

２回目も半飽和すると、残り 50%の 50%飽和しますから、50+25 ＝ 75%飽和します。

３回目以降は以下のとおりになります。

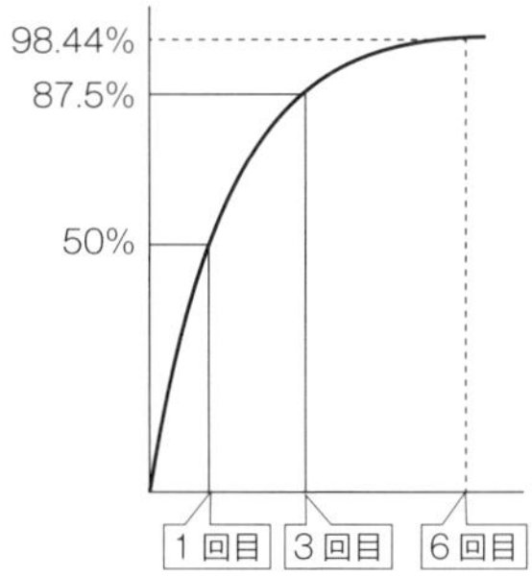

３回目　75+（25 ÷２）＝ 87.5（%）
４回目　87.5+（12.5 ÷２）＝ 93.75（%）
５回目　93.75+（6.25 ÷２）＝ 96.875（%）
６回目　96.875+（3.125 ÷２）＝ 98.4375（%）

このように半飽和を６回繰り返すと 98.4375（%）となり、ほぼ飽和状態となります。

そして、最初の半飽和状態になるまでにかかる時間を「**半飽和時間**」としたのです。グラフの「１回目」に当たる時間ですね。

この半飽和時間は、生体組織によって異なります。

ある組織では５分ですし、またある組織では 10 分かかります。

ビュールマンは、これを短い組織では 1.887 分、長い組織では 635 分と設定して、**16** の組織に区分しました。

その１つ１つの区分をそれぞれ「**半飽和組織**」と呼んでいます。

なお、高圧則では、窒素の場合、5 ～ 635 分と設定し、ヘリウムの場合は 1.88 ～ 239.623 分と設定し、それぞれ 16 組織に区分しています。したがって、ヘリウムの方が窒素よりも半飽和時間が**短い**です。

16 浮上 ④

適正な浮上速度の制定 ③

●減圧方法

□ 潜水者は、**減圧表**に基づいて減圧スケジュールを決定する。

□ **減圧表**は、不活性ガスの分圧がＭ値を超えないように浮上速度を定めたものである。

□ 潜水者は、すべての**半飽和組織**が、すべての深度において、Ｍ値を超えないように減圧スケジュールを求めなければならない。

→ 半飽和組織のうち１つでも不活性ガス分圧がＭ値を**上回ったら**、直前に浮上停止した、より**深い**深度で、一定時間**停止**するものとして再計算を行う。

□ 混合ガス潜水においては、窒素の分圧とヘリウムの分圧をそれぞれ求め、その**合計**が、窒素とヘリウムのＭ値の**合成値**を超えないように減圧を行う。

●安全を考慮した減圧方法

□ 安全を考慮した減圧方法においては、より小さい**換算Ｍ値**を導き出す。

$$\text{換算M値} = \frac{\text{M値}}{\alpha}$$

α＝安全率

- どの程度の安全を求めるのかを数値で入力する。
- 例えば 1.1 倍安全な減圧を行う場合は α＝1.1 で計算を行う。

●繰り返し潜水

□ 前回の潜水による体内の残留不活性ガスの影響を次の潜水で考慮しなければならない潜水を、**繰り返し潜水**という。

□ **繰り返し**潜水は、減圧症のリスクを高めることから、潜水（滞底）時間を実際の倍で計算するなど、慎重な対応をとらなければならない。

◆繰り返し潜水における休憩時間の考え方

原則	□ 海面に浮上後、大気圧下にいる時間を原則として**休憩時間**とする。 □ 休憩時間を十分に設けられなかった場合、次の潜水における減圧時間をより**長く**とらなければならない。

●酸素中毒

□ 酸素を使用する潜水には利点もあるが、酸素中毒の副作用も伴う。

□ 酸素中毒には、主に急性酸素中毒と慢性酸素中毒がある。

□ 一般的に、**50**kPa を超える程度の**低**い酸素分圧に**長**時間晒されると慢性酸素中毒である**肺酸素中毒**に罹《り》患する（p.119）。

□ **肺酸素中毒**予防のため、肺に対する酸素毒性を、以下のような計算式に従い数値で表すことで、酸素**分圧**と酸素への**曝露《ばくろ》時間**をそれぞれ管理する必要がある。

$$\mathrm{UPTD} = t \times \left(\frac{PO_2 - 50}{50}\right)^{0.83}$$

t ＝酸素への**曝露時間**
PO_2 ＝tの平均酸素分圧（kPa）

UPTD の意義及び高圧則における許容量の定め	
意義	肺に対する酸素毒性量単位。肺活量の減少を示す
1UPTD	**1 気圧**の酸素分圧に **1 分間**曝露されたときの肺酸素毒性単位
600UPTD	1 日当たりの酸素許容最大被ばく量
2500CPTD	1 週間当たりの酸素許容最大被ばく量

※ CPTD ＝累積肺酸素毒性量単位

□ 連日作業をする場合は、1 日当たりの酸素曝露量が**平均化**されるようにする。

1　循環器系 ①

循環器系

□ 循環器は、**心臓**と**血管**及びリンパ管から構成される。

●血液

□ 血管を流れる血液には、**動脈血**と**静脈血**の 2 種類がある。

種　類	意　義	主に流れている血管
動脈血	**酸素**を多く含んだ血液	大**動**脈、肺**静**脈、**冠動**脈
静脈血	**二酸化炭素**を多く含んだ血液	大**静**脈、肺**動**脈

●心臓

□ 心臓は、左右の**心室**及び**心房**、すなわち 4 つの部屋に分かれている。

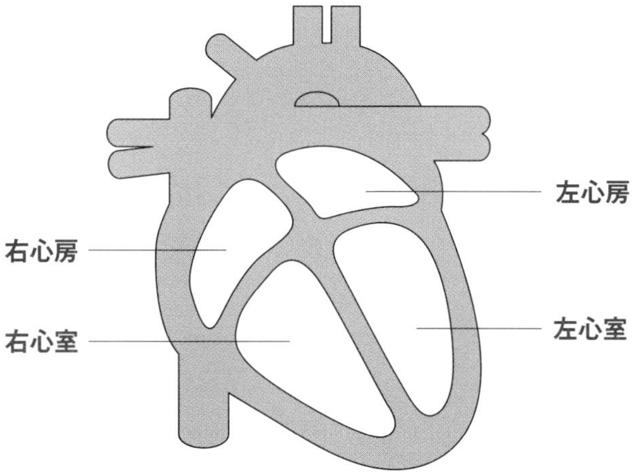

●血液循環（血管）

□ 血液は、肺→**肺静脈**→**左心房**→**左心室**→**大動脈**のあと体全体に送り出される。

□ 全身の末梢組織から二酸化炭素や老廃物を受け取った血液は、毛細血管→静脈を経由した後、**大静脈**→**右心房**→**右心室**→**肺動脈**を通って肺へと送り出される。

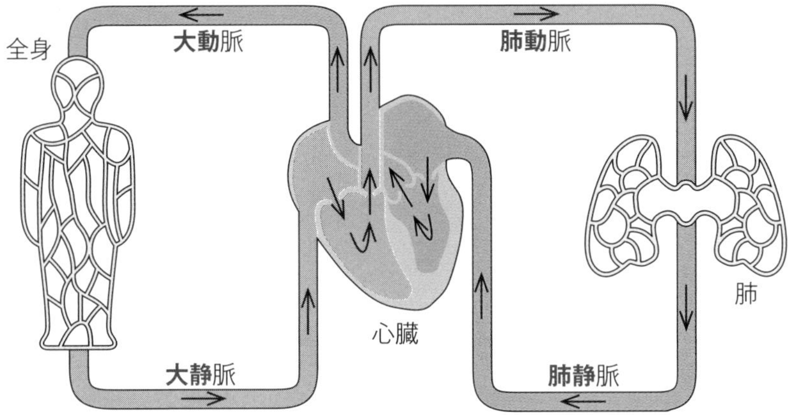

試験では、右のような図で出題されることが多いです。

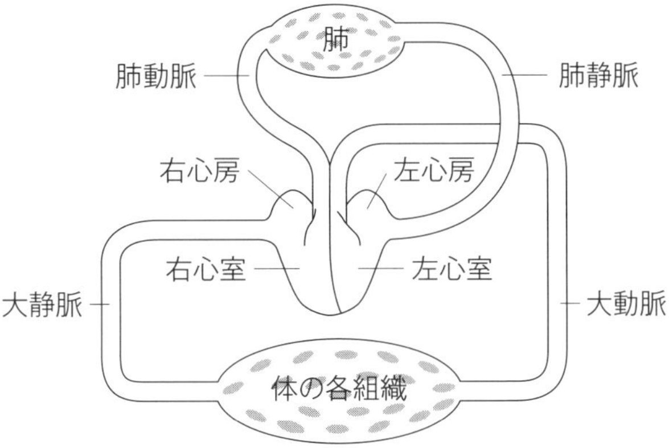

□ 心臓は、血液を全身に供給するためのポンプの役割を果たしており、安静時、約 **5**L/分の血液を送り出す。

2 循環器系 ②

潜水と循環器系

●冠動脈

□ **大動脈**の根本から分岐して、心筋に**酸素**と**栄養**を供給する血管を**冠動脈**という。

□ 冠動脈は、心臓の表面を取り巻いている。

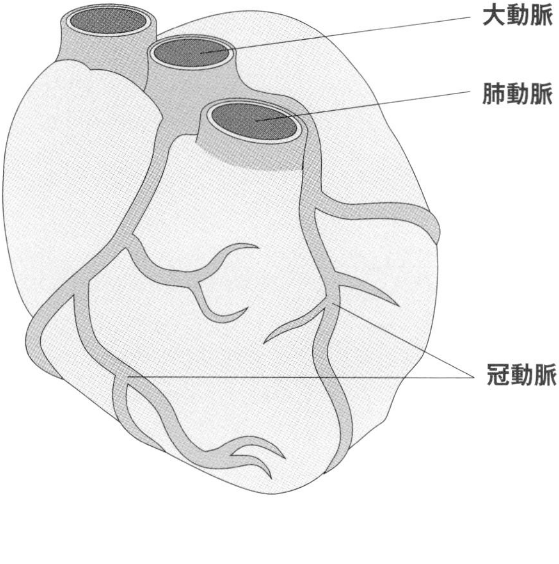

冠動脈が細くなったり詰まったりすると、血流が円滑に流れなくなります。細くなった状態を狭心症、詰まった状態を心筋梗塞といい、潜水中の心筋梗塞は致命的です。

●卵円孔《らんえんこう》開存

□ 左右の心房の間が**卵円孔開存**で通じていると、減圧障害を引き起こすおそれがある。

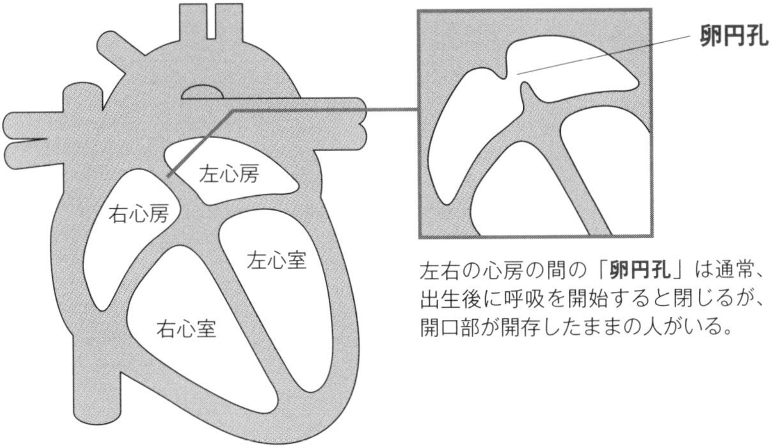

左右の心房の間の「**卵円孔**」は通常、出生後に呼吸を開始すると閉じるが、開口部が開存したままの人がいる。

循環器系その他

●脈拍

□ 心臓の拍動による動脈圧の変動を、末梢の動脈で触知したものを**脈拍**という。

□ 脈拍は、一般に、手首の**橈骨《とうこつ》動脈**で触知する。

●血圧

□ 心臓が血液を動脈に送り出すときの圧力を**血圧**という。

血圧の種類	意　義
最大血圧	心室が**収縮**したときの血管内圧力
最小血圧	心室が**拡張**したときの血管内圧力

□ 最大血圧と最小血圧の差を**脈圧**という。

3 呼吸器系 ①

肺呼吸のしくみ

□ 人は、❶肺に空気を入れ、❷肺胞などで、酸素と二酸化炭素を交換（ガス交換）することで、呼吸を行っている。

❶肺に空気を入れる

□ 呼吸運動は、主に**肋間筋**、**横隔膜**などの呼吸筋（筋肉）により胸郭内容積を増減し、それに伴い肺が伸縮することにより行われる。

肺は、膨らんだり縮んだりして空気を出し入れしていますが、肺自体に運動能力（自ら膨らむ力）はありません。どのように「肺が膨らむ」のかしくみを見てみましょう。

（1）呼吸筋の活動により胸郭を広げる

□ **肋間筋**が収縮する→肋骨が挙上する→**胸郭**が広がる（胸式呼吸）

※腹式呼吸の場合は横隔膜（呼吸筋）が収縮する。

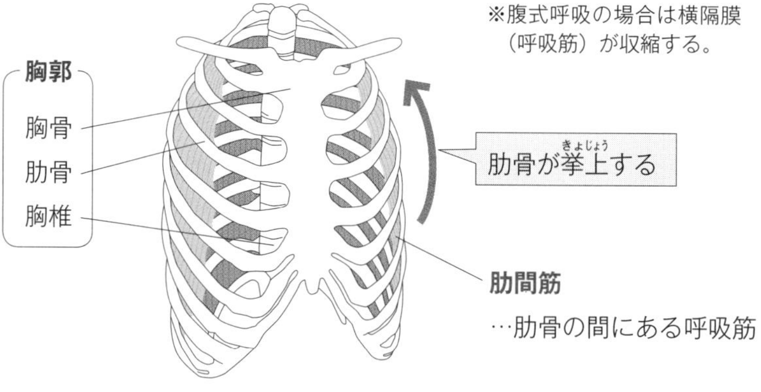

(2) 胸郭が広がることで、胸膜が広がる

□ 胸郭が広がる→壁側胸膜が広がる→臓側胸膜が広がる

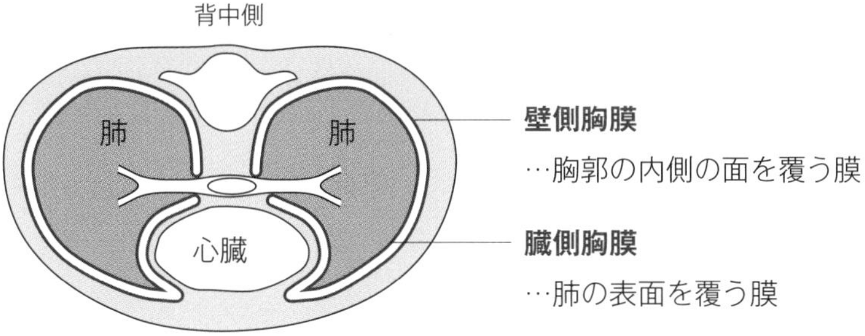

□ 壁側胸膜と臓側胸膜はつながっている。両者で囲まれた空間を**胸膜腔**と呼ぶ。胸膜腔は、通常**密閉**状態になっている。

(3) 胸膜が広がることで、受動的に肺も広がる

❷肺胞などで、酸素と二酸化炭素を交換（ガス交換）する

□ **肺胞**及び**呼吸細気管支**において、**肺胞**内の空気中の**酸素**を取り込むとともに、肺胞の周囲を覆う毛細血管内の血液中の**二酸化炭素**が排出される。

□ この酸素の取り込みと二酸化炭素の排出を、**ガス交換**という。

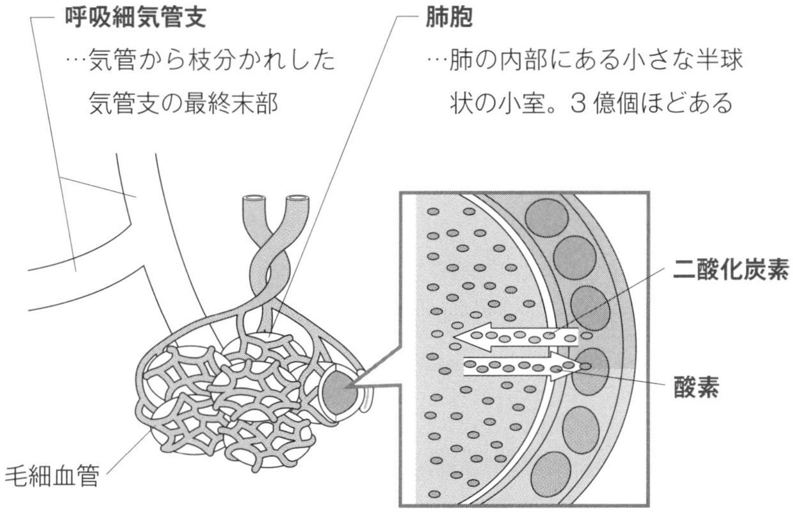

4 呼吸器系 ②

呼吸器と潜水

●死腔と潜水

□ 呼吸ガスの通り道のうち、ガス交換は呼吸細気管支、肺胞で行われ、ガス交換に関与しない口側の空間部分を**死腔**という。

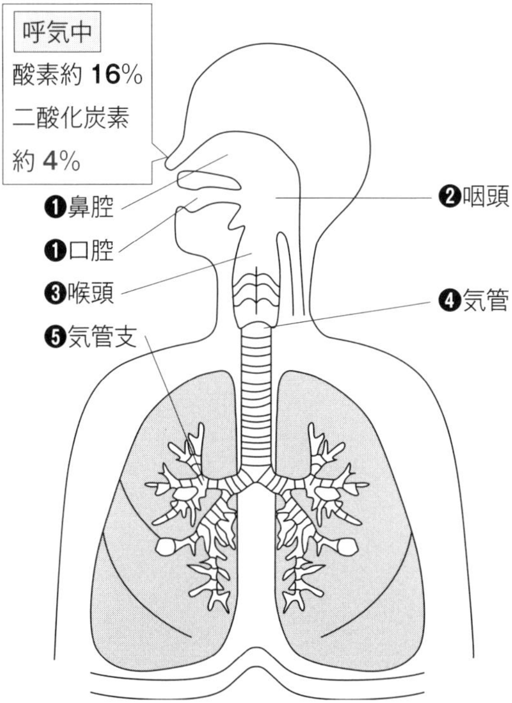

＜呼吸ガスの通り道＞

❶鼻腔・口腔
↓
❷咽頭
↓
❸喉頭
↓
❹気管
↓
❺気管支
↓
❻細気管支

死腔

↓
❼呼吸細気管支
↓
❽肺胞

ガス交換
(p.105)

□ **死腔**が大きいほど、二酸化炭素蓄積は起こり**やす**くなる。
→潜水呼吸器も**死腔**に含まれる（潜水呼吸器の装着により死腔が**増加**する）。

●呼吸抵抗と潜水

□ 潜水により、呼吸抵抗が**増す**ので、意識的な**激しい**呼吸動作を必要とする。

◆意識的な呼吸動作を必要とするしくみ

①潜水により、深度に応じて呼吸する空気の**圧力**が増す

↓

②呼吸ガスの密度も増加し、呼吸抵抗（空気が気道を通過する際の抵抗）が**増大**する

呼吸ガス密度増加＝空気が重くなる→呼吸抵抗が**増大**する

↓

③肺の換気能力（気道内を移動することができる呼吸ガスの量）が**低下**する

↓

④肺の換気能力の**低下**を補うため、意識的な**激しい**呼吸動作を必要とする

●気胸と潜水

□ 通常、密閉状態の胸膜腔（p.105）が破れ、気体が侵入することを**気胸**という。

□ **気胸**になると、胸郭が広がっても肺が膨らまなくなる。

□ 潜水中に**気胸**を起こすと、浮上によって胸膜腔に侵入した空気が膨張し、肺や心臓に重篤な障害を来すおそれがある。

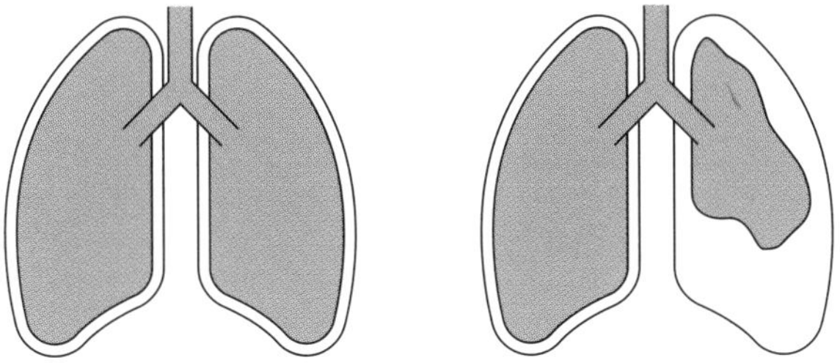

正常な肺　　　　気胸になった肺

●肺の過膨張と潜水

□ 潜水によって生じる肺の過膨張は、**浮上**時に起こりやすい。

5 神経系

神経系

□ **神経系**は、身体を環境に順応させたり動かしたりするために、身体の各部の動きや連携の統制をつかさどる。

□ 神経系は、**中枢**神経と**末梢**神経からなる。

中枢神経

□ 中枢神経は、**脳**と**脊髄**からなる。

●脳

□ 脳は❶**大脳**、❷**小脳**、❸脳幹からなる。

□ ❶**大脳**表面の**大脳**皮質は、**中枢**としての働きを行う部分で、運動、感覚、記憶、視覚などの作用を支配する。

□ ❷**小脳**は、**随意運動**、平衡機能などの調整に関与しており、❷が侵されると**運動**失調が生じる。

□ ❸脳幹は、間脳、中脳、橋《きょう》、**延髄**からなる。

□ **延髄**には、生命の維持に重要な**呼吸中枢**がある。

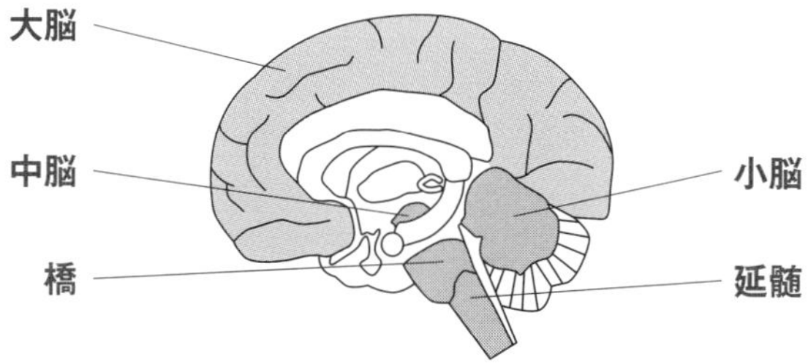

末梢神経系

□ 解剖学的には、脳と脊髄どちらの中枢神経から出ているのかに応じて[1]**脳**神経と[2]脊髄神経に分類される。

□ [1]**脳**神経は、脳から直接出る **12 対**の末梢神経である。

□ 役割・機能的には、❶**体性**神経と❷**自律**神経に分類される。

□ ❶**体性**神経は、**感覚**神経と**運動**神経からなる。

解剖学的分類

末梢神経
- [1]**脳**神経（**12 対**）
  …視神経、聴神経、嗅神経、三叉神経など
- [2]脊髄神経（31 対）
  …頸神経、胸神経、腰神経など

役割・機能的分類

末梢神経
- ❶**体性**神経
  …**感覚**神経、**運動**神経
- ❷**自律**神経
  …**交感**神経、**副交感**神経

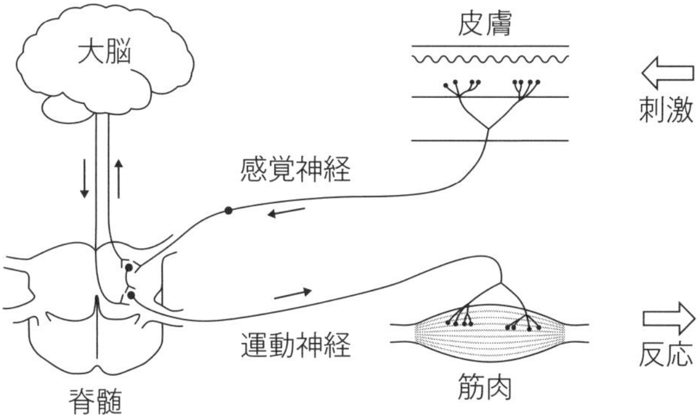

●自律神経

□ ❷自律神経は、**交感**神経と**副交感**神経に分類される。

□ 人体の機能は、**交感**神経と**副交感**神経の二重支配による**調節**と**平衡**の上に成り立っている。

□ **交感**神経は、主として**昼**になると働きが活発になり、**副交感**神経は**夜**になると働きが活発になる。

6　温度の影響

水温の作用

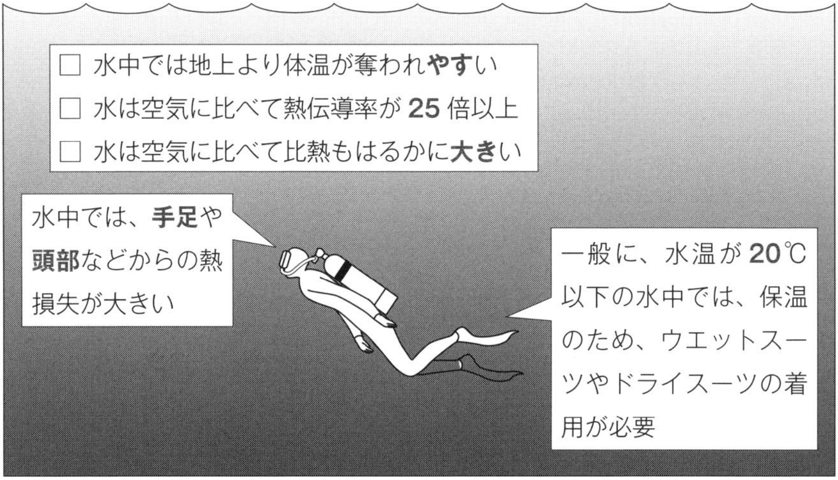

◆水温と適した潜水服の種類

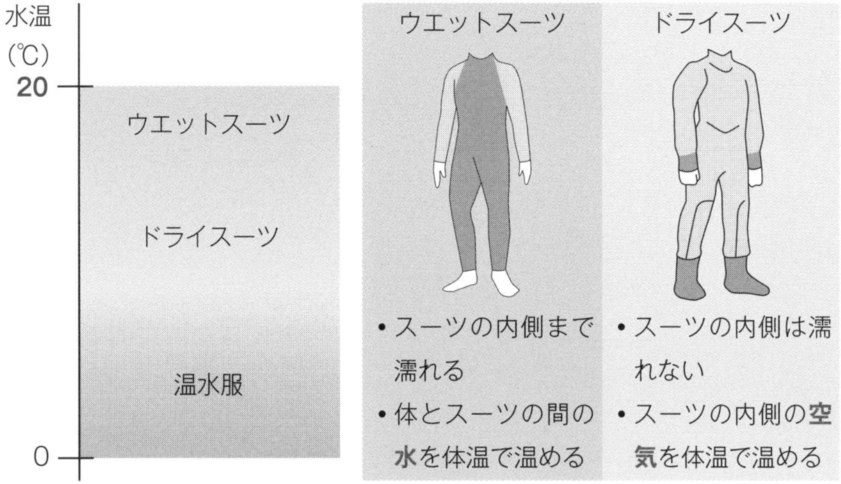

低体温症

- □ 体温は、代謝によって体内に生じる熱（**産熱**）と、人体と外部環境の温度差によって起こるその拡散（**放熱**）のバランスによって保たれる。
- □ 一般に、体温が **35℃**以下の状態を**低体温症**という。
- □ 低体温への対処の基本は**温める**ことである。例えば**濡れた**衣服は脱がせて**乾いた**毛布や衣服で覆うなどの方法がある。

◆体温低下に伴う諸症状

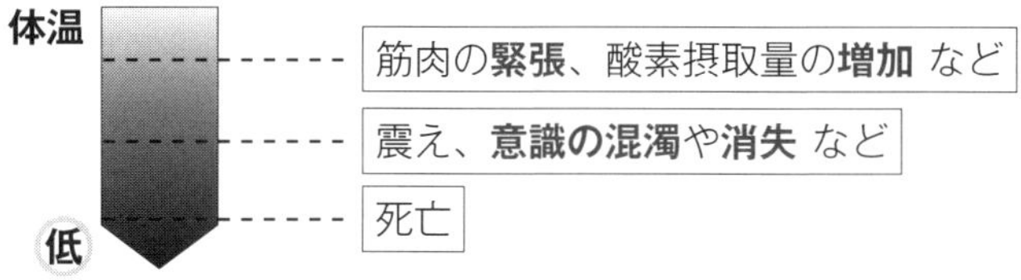

▶▶▶ なるほどワード 熱伝導率と比熱

熱伝導率とは、「**熱の伝わりやすさ**」をいいます。なぜ「水は空気より熱が伝わりやすい」と「水中では地上より体温が奪われやすい」のでしょうか？

こう考えてみてください。気温 30°Cの部屋にいると暑いと感じますが、30°Cのお風呂に入ると冷たく感じますよね。同じ温度なのになぜでしょう？人間の体温は 36 ～ 37°Cなので、それよりも低い温度のものに触れると体温が奪われます。熱が高い方から低い方へと移動するためです。空気より水は 25 倍熱伝導率が大きいので、空気よりも水中では早く体温が奪われます。30°Cの部屋にいるよりも、30°Cのお風呂に入る方が、人間の体温は早く移動し、奪われるのですね。

一方、比熱とは「**温度を上げるため**にどれくらいの**エネルギーを必要**とするか」、簡単にいうと「温まりやすさ（にくさ)」を表します。「空気よりも水の方がずっと比熱が大きい」とは、「空気よりも水の方がずっと温まりにくい」ことを表します。30°Cの水中に 36°Cの体温の人間がいても、なかなか水は温まらないので、ずっと体温を奪い続けるのです。

7　圧力が関係する疾患 ①

減圧症

□ 潜水中の圧力増加にともなって体内に溶け込んだ**不活性ガス**（**窒素**など）が、浮上による圧力低下で**気泡**化することによって起こる疾患を**減圧症**という。

◆減圧症の原因となる窒素の気泡化のしくみ

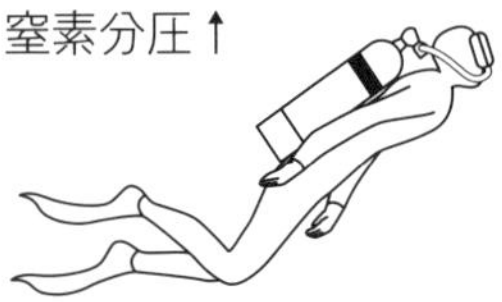

❶潜水により、圧力が増加すると、呼吸する空気中の窒素分圧が**上昇**する。

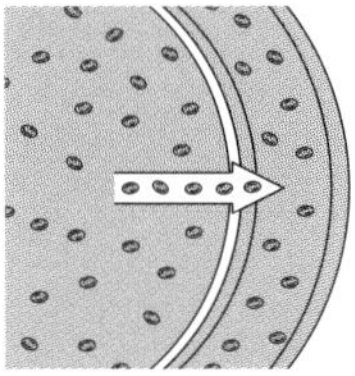

❷肺胞内の窒素圧力も増加するので、肺胞のまわりの肺毛細血管内の血液との圧力差により、窒素の血液への溶解量が**アップ**する。

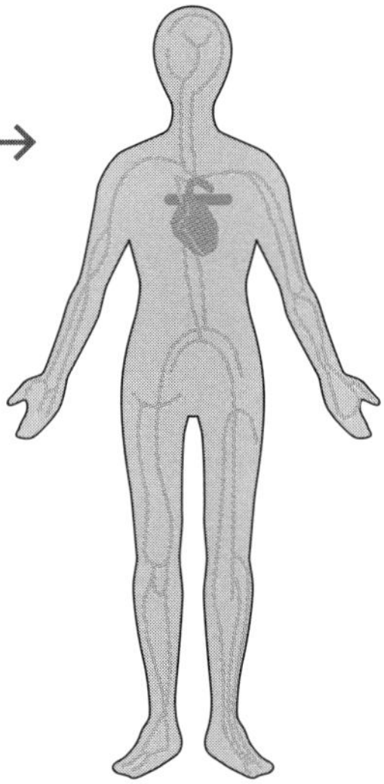

❸血液内に溶け込んだ窒素は、**血流**によって、体内の組織に運ばれる。

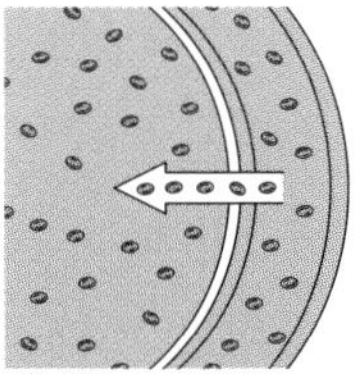

❹浮上で圧力が低下すると、❶〜❸と逆の経路で窒素は体外へと排出される。

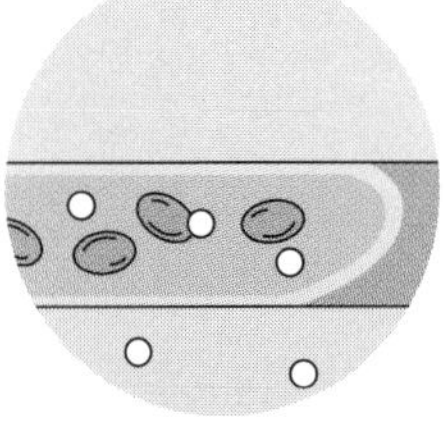

❺窒素の溶解が限度を超えるなどして、❹の排出が不十分だったりすると窒素が**気泡化**する。

◆減圧症に関する症状や発症時間など

原　因	• **気泡化**が要因だが、詳細は未解明 • 規定の浮上速度や浮上停止時間を**遵守していても**、潜水後に**航空機**に搭乗したり、**高所**移動などにより**低圧**に曝露《ばくろ》された場合には発症することがある
発症時間	• 通常、**24** 時間以**内** • **長**時間潜水や**飽和**潜水では、24 時間以**上**経過後に発症することがある
種　類	• 比較的**軽**症と**重**症とに分けられる
症　状	• 関節の痛み、皮膚のかゆみなど • **チョークス**（chokes ＝息が詰まる） 血液中に発生した気泡が、**肺毛細血管**を塞栓《そくせん》することによる重篤な**肺**減圧症、息切れや呼吸困難などの症状を生じる • 大理石斑 皮膚に斑点状の模様が現れる大理石斑は、より重篤な症状に進むことがある ㊟ベンズは、減圧症の別称であり、重症な減圧症を指すわけではない
罹《り》患しやすい人・場合	• 人…**高齢者**、最近手術や**外傷**を受けた人、**脱水**症状の人など • 場合…作業量の**多い**重筋作業の潜水など

高齢者は加齢により、最近手術や外傷を受けた人は当該箇所の組織内の凹凸により、気泡ができやすくなっていると考えられています。
また、脱水症状は、血液の粘性が高まり、窒素の気泡が残りやすくなることから減圧症のリスクを高めると言われています。

8 圧力が関係する疾患 ②

圧外傷

- □ どんなに深く潜っても、圧力が均等にかかっていれば身体への問題は生じないが、**不均等**に水圧がかかると**圧外傷**と呼ばれる疾患を生じる。
- □ 深さ **1 ～ 2**m 程度の浅い場所での潜水でも圧外傷を生じることがある。
- □ **圧外傷**は、**潜降**又は**浮上**いずれのときでも生じ、潜降時のものをスクィーズ、浮上時のものをブロックという。
- □ 潜降時の圧外傷（**スクィーズ**（締め付け））は、潜降による圧力変化のため体腔内の空気の体積が減ることで生じる。
- □ 浮上時の圧外傷（**ブロック**）は、浮上による**減圧**のため体腔内の空気の体積が**増える**ことで生じる。

◆圧外傷を生じやすい箇所

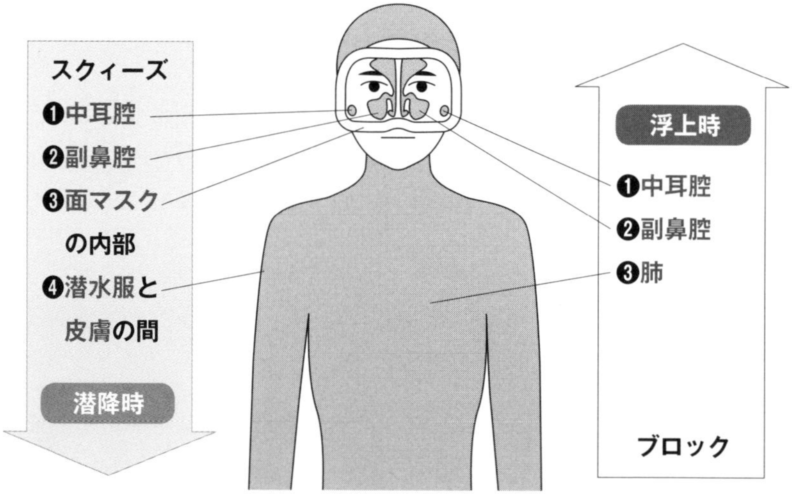

□ **虫歯**の処置後に再び**虫歯**となり、内部に密閉された空洞ができた場合、その部分で圧外傷を生じることがある。

肺圧外傷

□ 肺圧外傷は、**浮上**時の代表的な疾患である。

□ 肺圧外傷は、**気胸**と**空気塞栓《そくせん》症**を引き起こすことがある。

気　胸		空気塞栓症
急浮上や充分に息を**吐かず**に浮上することによる肺の**過膨張**	原　因	**急浮上**や充分に息を**吐かず**に浮上することによる肺の**過膨張**
胸膜腔に空気が侵入し、胸部が広がっても肺が膨らまなくなる （通常の状態） 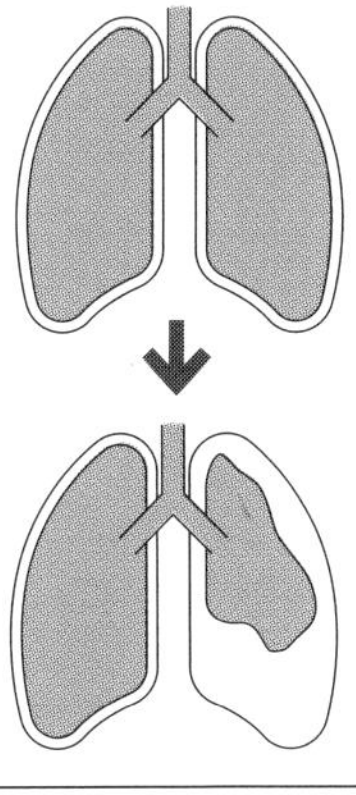 （気胸）	状　態	**肺胞**の**毛細血管**に侵入した空気が**心臓**を介して移動し（肺静脈→左心房→左心室）、脳内で**動脈**系の**末梢血管**を閉塞する 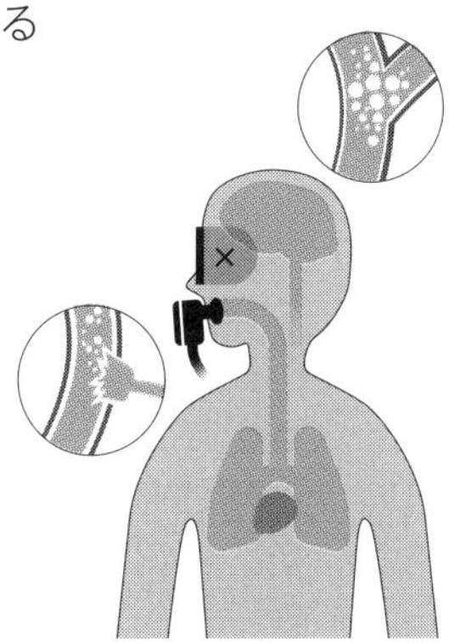
肺	発症場所	心臓においてはほとんどなく、ほぼ全て**脳**において発症する
胸痛、咳、血痰、チアノーゼ、息苦しさ、不安感などを示す	症　状	浮上後すぐに意識障害、**痙攣《けいれん》発作**など重篤な症状を示す

□ 浮上時の肺圧外傷を防ぐためには、浮上速度を守り**息を止めず**、常に**呼吸**を続けながら浮上する。

9 圧力が関係する疾患 ③

副鼻腔圧外傷

□ 副鼻腔とは、顔面にある、**鼻腔**と管でつながる空間である。

□ 副鼻腔には「**上顎洞**《じょうがくどう》」「**前頭洞**《ぜんとうどう》」「蝶形骨洞《ちょうけいこつどう》」「篩骨洞《しこつどう》」の４つがある。

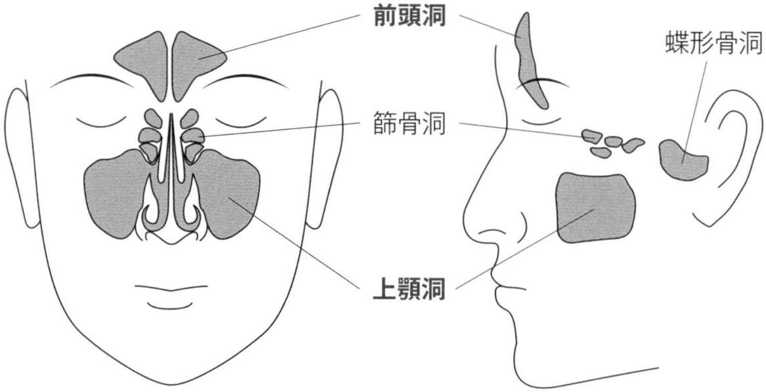

◆副鼻腔圧外傷などの副鼻腔の障害

要　因	鼻の**炎症**などによって、**前頭洞**、**上顎洞**などの副鼻腔と鼻腔を結ぶ管が塞がった状態で潜水することで起こる。
症　状	**額**の周り、**目**・**鼻**の**根部**の痛み、**鼻出血**など

上記のように、副鼻腔は鼻腔と管でつながっているため、炎症などによって管が塞がった状態でない限り、「耳抜き」のような圧力調整をする必要はありません。

耳の圧外傷

□ 耳は外側から順に「外耳」「**中耳**」「**内耳**」の３つの部分から構成される。

□ 圧外傷は、「外耳」「**中耳**」「**内耳**」いずれにも生じ**うる**。

外耳の圧外傷

外耳は**直接開放**されているので、圧の不均衡は生じ**ない**。ただし、耳栓をした場合などは、外耳圧外傷となりうる。

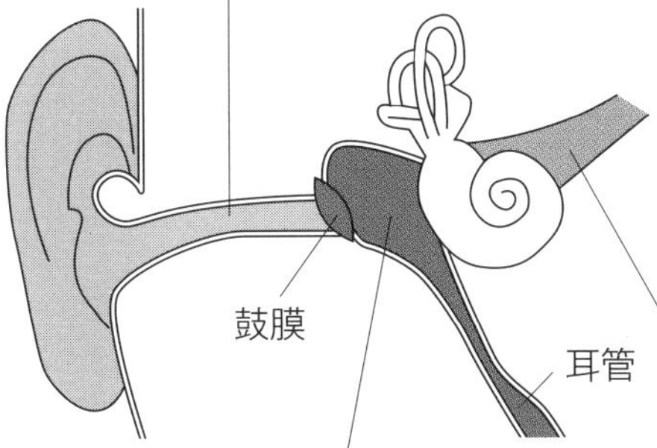

中耳の圧外傷

- 中耳腔は、**耳管**によって**咽頭**と通じている。
- 耳管は通常は**閉じて**いる。
- 潜降すると、**外耳道**と中耳腔との間に圧力差が生じるため、耳が痛くなる。
- 「**耳抜き**」によって耳管を開き、**鼓膜**内外の圧調整を行い、耳の障害を防ぐ必要がある。
- 耳抜きが上手くいかない場合、中耳圧外傷を生じる。

内耳の圧外傷

潜降時、耳抜きが困難な場合に、無理に**強く**耳抜きを行うと内耳圧外傷を生じることがある。

かぜの炎症のため、咽喉や鼻の粘膜がはれ、耳抜きがしにくくなることがあります。

□ 耳の圧外傷の主な症状は、**鼓膜**の**痛み**や**閉塞感**のほか、**難聴**を起こすこともある。また、水中で鼓膜が破裂すると**めまい**を生じることがある。

10 呼吸ガスが関係する疾患

呼吸ガスが関係する疾患

●一酸化炭素中毒

要　因	一酸化炭素が血液中の**赤血球**に含まれる**ヘモグロビン**と強く結合し、**酸素**の運搬ができなくなることで起こる
潜水時の要因	**エンジン**の排気ガスが、**空気圧縮機**の送気やボンベ内の**充《じゅう》填《てん》空気**に混入した場合に起こることがある
症　状	•**頭痛**、**めまい**、**吐き気**、嘔吐など •重い場合には**意識障害**、**昏睡状態**など

●二酸化炭素中毒（炭酸ガス中毒）

	ヘルメット式	全面マスク式	スクーバ式
潜水時の要因	**ヘルメット**に吐き出した呼気により、二酸化炭素濃度が高くなる	**口鼻マスク**の装着が不十分な場合に、漏れ出た**呼気ガス**を再吸引する	意識的に呼吸を**減らす**などにより、体内の二酸化炭素濃度が高くなる
症　状	**頭痛**、**めまい**、**体のほてり**、**意識障害**など		
予　防	十分な**送気**を行う	口鼻マスクをしっかり装着する	十分な呼吸を行う

二酸化炭素中毒にかかると、酸素中毒や減圧症などにかかりやすくなります。

●窒素酔い

□ **深**い潜水において、高い圧力の**窒素**（窒素分圧 0.4MPa 前後）を吸うことで起こる麻酔作用を**窒素酔い**という。

□ **窒素酔い**が誘因となり、正しい判断ができないことによってエア切れなど重大な結果を招くことがある。

誘因事項	**飲酒**、**疲労**、**大き**な作業量、**不安**など
症　状	個人差はあるが、**愉快**な気分、**楽観**的、**自信過剰**
予　防	呼吸ガスとして、**ヘリウム**と**酸素**の混合ガスを使用する

●酸素中毒

□ 生命維持に必要不可欠な酸素も、過剰になると身体に悪影響を及ぼす。

□ **高**い酸素分圧の呼吸ガスを**短**時間呼吸した場合には急性酸素中毒として**脳**酸素中毒を、**低**い酸素分圧の呼吸ガスを**長**時間呼吸した場合には慢性酸素中毒として**肺**酸素中毒を生じる。

□ 呼吸ガス中に**二酸化炭素**が多いと、酸素中毒が起こり**やす**い。

140 ～ 160kPa 程度の高い酸素分圧・短時間

急性酸素中毒

脳酸素中毒

- 中枢神経（**脳**）が冒される。
- 主な症状は、**吐き気**、**めまい**、視野狭窄、**痙攣発作**など。
- 潜水中の**痙攣発作**は**致命的**。

50kPa 程度の低い酸素分圧・長時間

慢性酸素中毒

肺酸素中毒

- **肺**が冒される。
- 主な症状は、肺機能の**低下**や肺活量の**減少**など。
- 致命的になることは通常**ない**。

11 潜水者の健康管理 ①

健康診断

- □ 潜水事業者は、潜水者の障害を予防するため、定期的に**健康診断**を受けさせることが義務づけられている。
- □ 一般健康診断のほか、６か月以内ごとに、主として**高気圧障害**に関する項目についての特殊な健康診断を定期的に行う必要がある。
- □ 特殊な健康診断の結果、医師が必要と認めた場合には、**追加**の健康診断を行わなければならない。
- □ 追加の健康診断項目の一つである**関節**部の**エックス線直接撮影**は、股関節、**肩関節**、**膝関節**など**骨《こつ》壊《え》死《し》**におかされやすい部位を対象に行う。

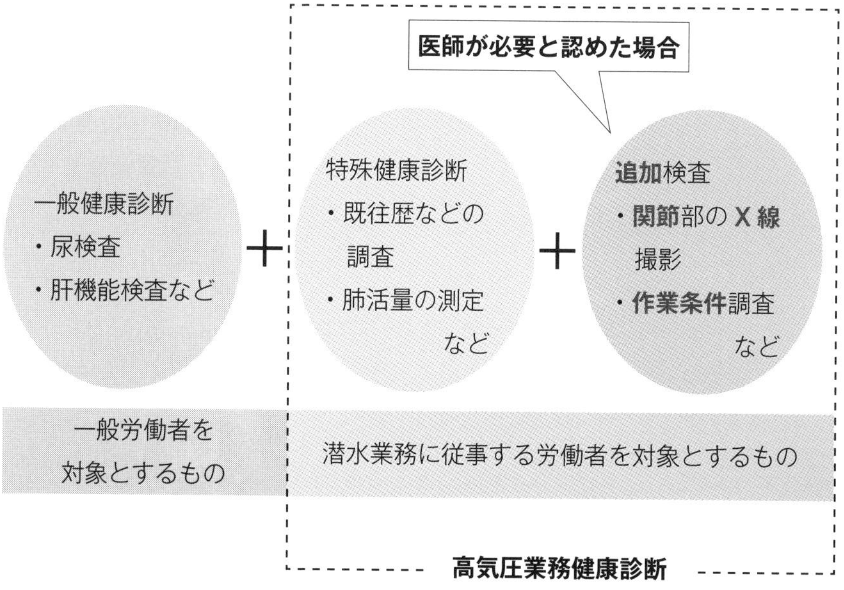

◆健康診断の結果に基づいて作成される高気圧業務健康診断個人票

高気圧業務健康診断個人票

氏名		生年月日	年 月 日	雇入年月日	年 月 日
		性別	男・女		
健診年月日		年 月 日	年 月 日	年 月 日	年 月 日
既往歴					
高気圧業務の経歴					
自覚症状又は他覚症状	関節の痛み				
	腰の痛み				
	下肢の痛み				
	耳鳴り				
	その他				
骨・関節	四肢の運動機能				
	エックス線直接撮影				
聴器	鼓膜				
	聴力				
循環器	血圧				
	心電図				
呼吸器	肺活量				
	肺換気機能				
尿	糖				
	蛋《たん》白				
作業条件					
参考事項					
医師の診断					
健康診断を実施した医師の氏名					
医師の意見					
意見を述べた医師の氏名					

…特殊健康診断項目

…追加で検査される項目

▶▶▶ なるほどワード 骨壊死

関節部のエックス線直接撮影により発見を期待される骨壊死とは、病気・ケガのために骨に血液が十分に流れなくなることにより、骨の細胞が死に、周囲の軟骨が劣化し、痛み、可動領域が狭くなる、脚を引きずるなどの症状が出る疾病をいいます。骨壊死は減圧症に罹患したことのある人がなりやすいといわれており、減圧症にかからないことが予防にとって大切です。

12 潜水者の健康管理 ②

病者の就業禁止

□ 以下の疾病にかかっている労働者は、**医師が必要と認める**期間、潜水業務に就業することを**禁止**される。

疾病の器官など	疾病の名称
高気圧障害又はその後遺症	**減圧**症又はその後遺症
呼吸器系疾病	肺結核、**肺気腫**など
循環器系疾病	**貧血症**、**心臓弁膜症**、**高血圧症**など
精神神経系疾病	**アルコール中毒**、**神経痛**など
耳の疾病	**メニエル病**、**中耳炎**など
運動器の疾病	**関節炎**、**リウマチ**など
代謝や栄養の疾病	**ぜんそく**、**肥満症**、**バセドー病**など

□ **減圧**症の再圧治療が終了した後しばらくは、体内にまだ余分な**窒素**が残っており、そのまま**再潜水**すると**減圧**症を再発するおそれがある。

試験との関係で、最頻出なものは「貧血症」です。
「心臓弁膜症」「高血圧症」「アルコール中毒」「神経痛」「中耳炎」「関節炎」などもよく出題されています。
誤りの選択肢としてよく出題されるのは「白内障」など目の疾患、「胃炎」「胃下垂」など胃の疾患、「免疫異常」など免疫疾患になります。注意しましょう。

目

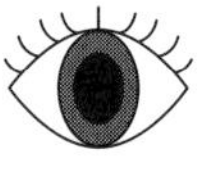

胃

免疫

13　潜水業務に必要な救急処置

一次救命処置

時間の流れ

傷病者の発生

❶安全確認…傷病者に近づく前に、周囲の安全を確認する。パニックになった傷病者からの危害に注意する

❷反応の有無を確認する…呼びかけに応じた目の開閉、声や目的をもった動作の有無によって反応を確認する

「反応なし」の場合

- **大声**で叫んで周囲の注意を喚起し、**協力**を求める
- **頭部後屈あご先挙上**法により**気道確保**する
  → 仰向けにした**後頭部**を軽く下げ、あごを**上方**に押さえる

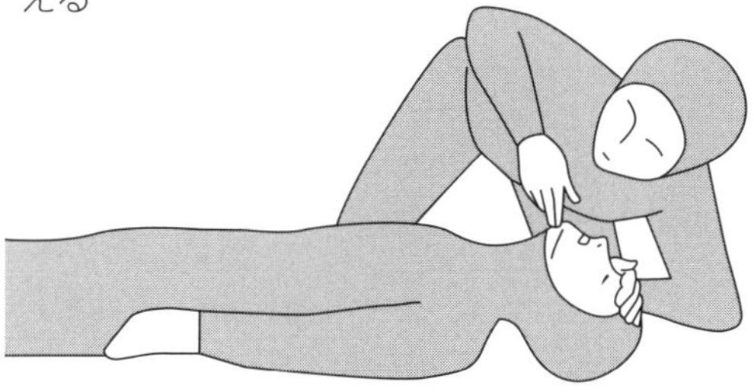

❸呼吸の有無を確認する…呼吸による、胸と腹部の上下運動の有無により確認する（最大 **10** 秒）

呼吸がある場合

- 普段通りの呼吸がある場合

…**回復体位**をとらせて安静にした上、経過観察

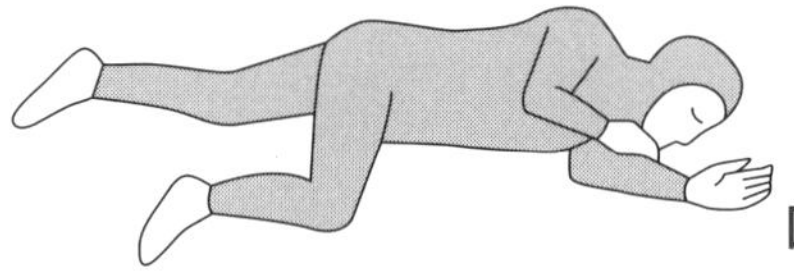

- しゃくりあげるような途切れ途切れの呼吸の場合

…<u>**死戦期呼吸**</u>と判断する。

→ **心停止**直後などに見られる呼吸

呼吸がない場合

心停止と判断する

→ ただちに**心肺蘇《そ》生**へ

……❹**心肺蘇生**…**胸骨圧迫** **30** 回＋**人工呼吸** **2** 回を繰り返し行う

胸骨圧迫（30 回）
• **胸**が約 5cm 沈む強さで • 胸骨の**下**半分を • 1 分間に **100** ～ **120** 回の**速**いテンポで • 絶え間なく（中断はなるべく避けて） } 圧迫する

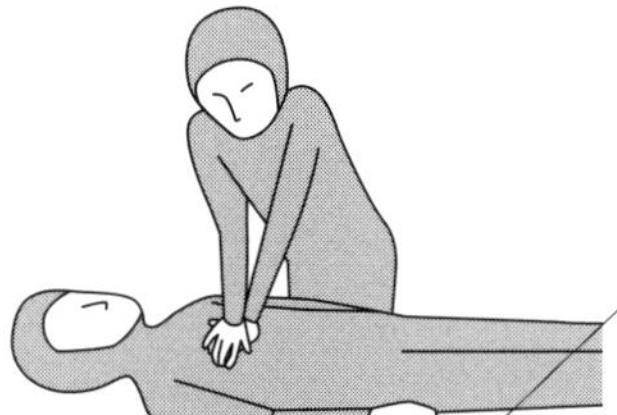

人工呼吸（2 回）
• 必ず**気道**を確保して行う（**気道**確保なしで行うと、息で胃が膨張、内容物が逆流し、気道閉塞となるおそれ） • ただし、技術と意思がなければ行わない（胸骨圧迫のみ行う）

……❺ **AED を装着する**…AED（自動体外式除細動器）を装着し、除細動を行う。

AED（自動体外式除細動器）

- 装着後、自動的に心電図が解析される
- 解析の結果、電気ショックが

必要と判断された場合

自動的に充電が始まる

……❺' **電気ショック**

→充電が完了したら、周囲を確認した上、ショックボタンを押す

不要と判断された場合

「不要です」とメッセージが流れる

ただちに**心肺蘇生**を再開する

……❻**心肺蘇生を行う**…胸骨圧迫→人工呼吸の順で、再開する

……❼**救急隊へ引き継ぐ**…救急隊へ引き継ぐまで心肺蘇生を続け、その後引き継ぐ

一次救命に関しては、胸と腹部の動きを観察して、上下に動いていない、又はよくわからない場合には心停止**とみなし**、心肺蘇生を開始します。

なお、AED を使用する際に、体の表面が濡れている場合は、胸部を拭いてから使用します。

1 空気槽に関する規定 ①

空気槽に関する規定

◆**高気圧作業安全衛生規則（高圧則）**

第 8 条 事業者は、潜水業務従事者（潜水業務に従事する労働者（以下「潜水作業者」という。）及び潜水業務の一部を請け負わせた場合における潜水業務に従事する者（労働者を除く。以下「潜水業務請負人等」という。）をいう。以下同じ。）に、空気圧縮機により送気するときは、当該空気圧縮機による送気を受ける**潜水業務従事者ごと**に、**送気を調節するための空気槽**及び事故の場合に必要な空気をたくわえてある空気槽（以下「**予備空気槽**」という。）を設けなければならない。

2 予備空気槽は、次に定めるところに適合するものでなければならない。

一 予備空気槽内の空気の圧力は、常時、**最高**の潜水**深度**における圧力の **1.5** 倍以上であること。

二 予備空気槽の内容積は、厚生労働大臣が定める方法により計算した値以上であること。

3 第一項の送気を調節するための空気槽が前項各号に定める予備空気槽の基準に適合するものであるとき、又は当該基準に適合する**予備ボンベ**（事故の場合に必要な空気をたくわえてあるボンベをいう。）を潜水業務従事者に携行させるときは、第一項の規定にかかわらず、予備空気槽を設けることを要**しない**。

※ 2 二の「厚生労働大臣が定める方法」とは、「平成 26 年厚生労働省告示第 457 号第 1 条（予備空気槽の内容積の計算方法）」である。

❶空気槽の台数に関する規定

□ 送気式潜水において、調節空気槽と予備空気槽は、潜水業務従事者**1**人につき**1**台ずつ設けなければならない。

頻出NG ✕ 2名以下ごとに1台

❷予備空気槽に関する規定

仕様	空気圧力	常時、最高潜水深度における圧力の**1.5**倍以上	
	内容積	**圧力調整器**を使用させ**る**場合 全面マスク式	$V = \dfrac{40\,(0.03D + 0.4)}{P}$
		上記以外の場合 ヘルメット式	$V = \dfrac{60\,(0.03D + 0.4)}{P}$
要否	必要	下記以外	
	不要	1 調節空気槽が、上記の予備空気槽の基準（空気圧力・内容積）に**適合**する場合 2 上記の予備空気槽の基準（空気圧力・内容積）に適合する**予備ボンベ**を携行する場合	

※ V＝予備空気槽の内容積（L）、P＝予備空気槽内の空気圧力（MPa、ゲージ圧力）、D＝最高潜水深度（m）

圧力調整器は**レギュレーター**のことです。送気式潜水のうちの**デマンド**（**応需送気**）式潜水（p.55）で使用されます。
なお、潜水業務従事者に圧力調整器を使用させるときは送気圧を計るための圧力計を、それ以外のときは送気量を計るための流量計を設けなければなりません（高圧則第9条）。

2 空気槽に関する規定 ②

予備空気槽の内容積の計算

例 全面マスク式潜水による潜水業務従事者に空気圧縮機を用いて送気し、最高深度30mまで潜水させる場合に、最小限必要な予備空気槽の内容積 *V*（L）を求める次の式中の、法令上正しいAの数値、及びBの計算結果を求めよ。

ただし、*D* は最高の潜水深度（m）であり、*P* は予備空気槽内の空気圧力（MPa、ゲージ圧力）で最高潜水深度における圧力（ゲージ圧力）の1.5倍とする。

$$V = \frac{\boxed{\quad A \quad} \times (0.03D + 0.4)}{P} = \boxed{\quad B \quad}$$

1 Aの数値を導く

予備空気槽の内容積を定めた規定によれば、内容積を求める式には「圧力調整器を使用させる場合」か否かで、Aの係数が異なる2種類がある(p.127参照)。

そこで問題文を見ると、「全面マスク式潜水」とある。全面マスク式潜水はマスクに圧力調整器（レギュレーター）がついた応需送気式の潜水方式であり、ヘルメット式潜水のような連続送気ではなく、必要な分だけ送気されるのでAに少ない係数 **40** の方が入る式が適用されると分かる。

2 計算により、Bの値を導き出す

1 で導いた係数 **40** と、問題文で与えられた数値を入れて、計算する。

30（**最高の潜水深度**。m）

$$V = \frac{\mathbf{40}\ (0.03D + 0.4)}{P}$$

0.45（**予備空気槽内の空気圧力**。MPa）

< *P* の値の求め方>

問題文より、

予備空気槽内の空気圧力（MPa）

＝最高潜水深度における圧力（ゲージ圧力）×1.5

最高潜水深度 30m におけるゲージ圧力

➡ **0.3**MPa　（p.13 参照）

＝ **0.3** × 1.5

＝ **0.45**（MPa）

式の係数（40）は、**必要送気量**を表していますが（p.127 参照）その単位は「**L/ 分**」です。全面マスク式潜水では、**毎分 40L 以上**の送気が可能な空気圧縮機を使用しなければならないという高圧則 28 条 2 項の定め（p.130）から来ています。

$$V = \frac{\mathbf{40} \times (0.03 \times \mathbf{30} + 0.4)}{\mathbf{0.45}}$$

$$= \frac{\mathbf{40} \times 1.3}{\mathbf{0.45}}$$

$$= \mathbf{115.555\cdots}$$

答え　A 40　B 約 116（L）

3 送気に関する規定

送気に関する規定

◆高圧則

第 28 条 事業者は、空気圧縮機又は手押ポンプにより潜水業務従事者に送気するときは、潜水業務従事者ごとに、その水深の圧力下における送気量を、毎分 **60** リットル以上としなければならない。

2 前項の規定にかかわらず、事業者は、潜水業務従事者に圧力調整器を使用させる場合には、潜水業務従事者ごとに、その水深の圧力下において**毎分 40** リットル以上の送気を行うことができる空気圧縮機を使用し、かつ、送気圧をその水深の圧力に **0.7** メガパスカルを加えた値以上としなければならない。

空気圧縮機の送気に関する規定

圧力調整器を使用**しない**場合 ヘルメット式	送気量	**60**L/ 分以上（当該水深圧力下）
圧力調整器を使用**する**場合 全面マスク式	送気量	**40**L/ 分以上（当該水深圧力下）
	送気圧	**当該水深**圧力＋ **0.7**MPa 以上

圧力調整器（レギュレーター）を使用する応需送気式では、ヘルメット式潜水のような連続送気ではなく、必要な分だけ送気すれば足りるので、より少ない送気量に規定されていることは前にお話ししました(p.127)。
送気圧の「当該水深圧力」は、ゲージ圧力を意味します。

例　潜水業務従事者に圧力調整器を使用させない潜水方式の場合、大気圧下で送気量が毎分240Lの空気圧縮機を用いて送気するとき、法令上、潜水できる最高の水深を求めよ。

1 法令上の送気量を確認する

「圧力調整器を使用させない潜水方式の場合」とあるので、高圧則28条1項より、送気量は当該水深圧力下において**60**L/分以上でなければならない。

2 ボイルの法則を使用する

問題文の空気圧縮機の送気能力は、「大気圧下で**240**L/分」。これが**60**L/分となる深度まで潜水することが、法令上可能である。そこで、「圧力と体積の関係」を表したボイルの法則によって導く。

（大気圧下で240Lの送気量）（何MPaで60Lの送気量か）

$$P_1 \quad V_1 = P_2 \quad V_2$$

$$0.1 \times 240 = P_2 \times 60$$

（MPa）（L）　（MPa）（L）

$$P_2 = 0.4 \text{ (MPa)}$$

0では計算できないので、大気圧を絶対圧力に変換する（p.12参照）

3 絶対圧力から水深を導く

→ **0.4MPa（絶対圧力）** → **水深30m**

（p.13参照）

答え　30m

4 給気に関する規定

給気に関する規定

◆**高圧則**

第29条　事業者は、潜水業務従事者に携行させたボンベ（非常用のものを除く。以下この条、第34条、第36条及び第37条において同じ。）からの給気を受けさせるときは、次の措置を講じなければならない。

① 潜降直前に、潜水業務従事者に対し、当該潜水業務に使用するボンベの**現に有する給気能力**を知らせること。

② 潜水業務従事者に異常がないかどうかを**監視するための者**を置くこと。

スクーバ式潜水の給気に関する規定❶

項　目	意義・内容
①ボンベの給気能力の通知	• スクーバ式潜水において給気能力が不十分な場合、**溺水事故**を起こす可能性が高い。 • 事故回避のため、潜降**直前**にボンベの容量、圧力など、給気**能力**に関する事項を潜水**業務従事**者へ通知する。
②監視員の配置	• スクーバ式潜水では通常、水中電話を装備しないため、緊急時の船上への**連絡**が難しい。 • 緊急時に船上からの**支援**を行う監視員を配置する。 • 監視員は、潜水者の**気泡**等を観察することにより異常の有無を常に確認する。

◆高圧則

第30条　事業者は、潜水業務従事者に圧力1メガパスカル以上の気体を充填したボンベからの給気を受けさせるときは、2段以上の減圧方式による圧力調整器を潜水業務従事者に使用させなければならない。

スクーバ式潜水の給気に関する規定❷

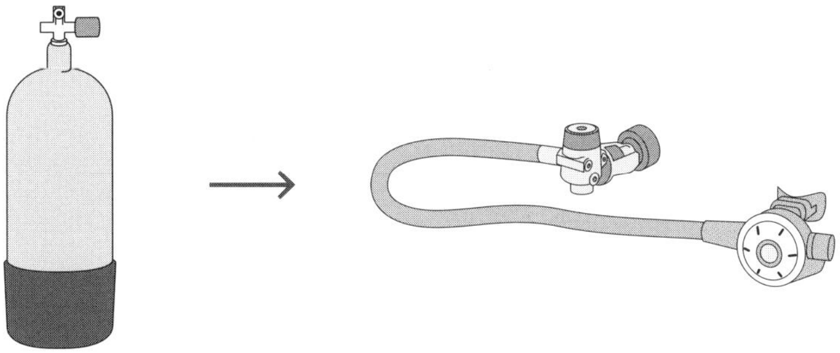

ボンベの貯気空気圧
1MPa
以上のとき

2段以上の減圧方式の**圧力調整器**（**レギュレーター**）を使用しなければならない。

スクーバ式潜水で通常使用される**圧力調整器**（**レギュレーター**）は、ファーストステージ（第1段減圧部）とセカンドステージ（第2段減圧部）からなるので(p.81)、これにより2段以上の減圧が行われています。30条は、ほかにも、たとえば送気式潜水において混合ガス潜水を行う場合に、「潜水者の呼吸器」＋「混合ガスボンベの圧力調整器」の2段階の減圧を行うことなども念頭に置かれた規定ですが、試験との関係ではスクーバ式潜水の方を理解しておけばいいでしょう。

5 特別教育に関する規定 ①

特別教育に関する規定 ①

●安全衛生教育

◆労働安全衛生法（安衛法）

第 59 条 事業者は、労働者を**雇い入れた**ときは、当該労働者に対し、厚生労働省令で定めるところにより、その従事する業務に関する**安全又は衛生のための教育**を行なわなければならない。

2 前項の規定は、労働者の作業内容を**変更**したときについて準用する。

3 事業者は、危険又は有害な業務で、厚生労働省令で定めるものに労働者をつかせるときは、厚生労働省令で定めるところにより、当該業務に関する安全又は衛生のための**特別の教育**を行なわなければならない。

労働者一般の安全衛生教育および特定の労働者の特別教育に関する規定

安全衛生教育	労働者を**雇い入れた**とき
	労働者の作業内容を**変更**したとき
（安全衛生）**特別教育**	特定の**危険**又は**有害**な業務に労働者をつかせるとき

安全衛生教育はすべての**労働者**（潜水作業者）を対象とします。特別教育は**危険・有害な特定業務**に限定しており、潜水業務のうち一部の業務がこれに該当するとされています（次ページ）。

●特別教育①（特別教育を必要とする者）

□ 特別教育について、２つの省令（規則）に詳細が規定されている。

労働安全衛生法

- **労働安全衛生規則（安衛則）**
  …労働安全衛生法の詳細を定めたもの
- **高気圧作業安全衛生規則（高圧則）**
  …高気圧作業に関する高気圧障害の防止等を目的に、安全衛生の詳細を定めたもの

◆労働安全衛生規則

第36条　法第59条第３項の厚生労働省令で定める危険又は有害な業務は、次のとおりとする。

㉓　潜水作業者への**送気の調節**を行うためのバルブ又はコックを**操作**する業務

㉔　**再圧室**を操作する業務

◆高気圧作業安全衛生規則

第11条　事業者は、次の業務に労働者を就かせるときは、当該労働者に対し、当該業務に関する特別の教育を行わなければならない。

④　潜水作業者への**送気の調節**を行うためのバルブ又はコックを**操作**する業務

⑤　**再圧室**を操作する業務

特別教育を必要とする潜水業務

1 **送気調節**業務 （送気員）	潜水作業者への送気の調節を行うためのバルブやコックを**操作**する業務 （操作）→ **×点検** □ **空気圧縮機**及び空気槽の**点検**の業務に就かせるときの規則による特別教育は必要ない。
2 **再圧室**操作業務	減圧症の危険のある潜水者に緊急減圧を行う場合、**再圧室**を操作する業務

6 特別教育に関する規定 ②

特別教育に関する規定 ②

●特別教育② （特別教育科目）

特別教育科目に関する規定（高圧則 11 条２項）

特別教育を必要とする業務	項　目
1 潜水作業者への**送気調節**業務	• **潜水業務に関する知識**に関すること • **送気**に関すること • 高気圧障害の知識に関すること • 関係法令 • **送気の調節**の実技 ㊟ ✕ 送気設備の構造に関すること ✕ 空気圧縮機の運転に関する実技
2 **再圧室**操作業務	• 高気圧障害の知識に関すること • **救急再圧法**に関すること • **救急蘇《そ》生法**に関すること • 関係法令 • **再圧室の操作**及び**救急蘇生法**に関する実技

「高気圧障害の知識に関すること」と「関係法令」は共通することをまず押さえた上で、それぞれ固有の科目については、実技と実技以外に分けると覚えやすいでしょう。

ゴロ合わせ　送気調節業務の特別教育科目

線（潜水業務に関する知識）**そ**（送気）**こ**（高気圧障害の知識）**か！**（関係法令）

調節のワザ（送気の調節の実技）

●特別教育③（科目の省略および記録の保存など）

◆安衛則

第37条　事業者は、法第59条第3項の特別の教育（以下「特別教育」という。）の科目の全部又は一部について十分な知識及び技能を有していると認められる労働者については、当該科目についての特別教育を**省略**することができる。

第38条　事業者は、特別教育を行なったときは、当該特別教育の受講者、科目等の記録を作成して、これを**3年間保存**しておかなければならない。

特別教育の科目の省略および記録の保存に関する規定

規定事項	内　容
科目の**省略**	•科目の全部又は一部について十分な知識及び技能を有していると認められるときに**省略**が可能
記録の作成・**保存**	•受講者、科目等の記録を作成する •記録を**3年間保存**する

□ 特別教育の講師については、法令上、特別な定めは**ない**。

「潜水士の免許を受けた者でなければ、講師となることができない」などが**誤った選択肢**として出題されていますので、気をつけましょう。

7 潜降・浮上に関する規定

潜降・浮上に関する規定

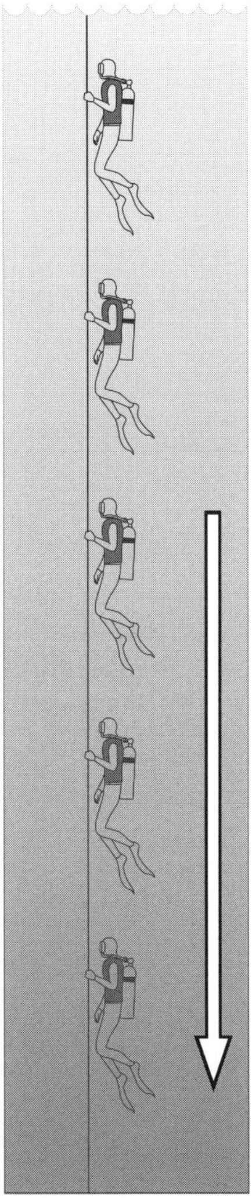

潜　降

・**潜降速度**

法令上、特別な定めは**ない**。

さがり綱（潜降索）

□事業者は、潜水業務を行うときは、潜水深度に関係なく、潜降・浮上のための**さがり綱**を備え、これを潜水業務従事者に使用させなければならない（高圧則33条１項）。

□さがり綱には、**3** mごとに、水深を表示する**木札**や**布**などを取り付けておかなければならない（高圧則33条２項）。

さがり綱の表示は、**浮上停止**の深度も示しています。

◆高圧則

第 32 条　2　事業者は、（略）浮上の速度を速め、又は浮上を停止する時間を短縮したときは、浮上後、速やかに当該潜水業務従事者を**再圧室**に入れ、当該潜水業務の最高の水深における圧力に等しい圧力まで**加圧**し、又は当該潜水業務の最高の水深まで**再び潜水**させなければならない。

3　前項の規定により当該潜水業務従事者を再圧室に入れて加圧する場合の加圧の速度については、第 14 条の規定を準用する。

第 14 条　（略）毎分 **0.08** メガパスカル以下（略）

第 33 条　事業者は、潜水業務を行うときは、潜水業務従事者が潜降し、及び浮上するための**さがり綱**を備え、これを潜水業務従事者に使用させなければならない。

2　事業者は、前項のさがり綱には、**3** メートルごとに水深を表示する木札又は布等を取り付けておかなければならない。

浮　上

・浮上速度

原則	10 m / 分以下でなければならない（高圧則 18 条 1 項。27 条で読替え）
例外	事故のための緊急浮上時はこれを速めることができる（高圧則 32 条 1 項）

・緊急浮上

□緊急浮上後は、速やかに潜水業務従事者を

❶**再圧室**（p.148 参照）に入れる

❷再潜水させる

いずれかの方法により加圧しなければならない（高圧則 32 条 2 項）。

□❶**再圧室**に入れて加圧する場合の加圧速度は毎分 **0.08**MPa 以下で行わなければならない（高圧則 32 条 3 項）。

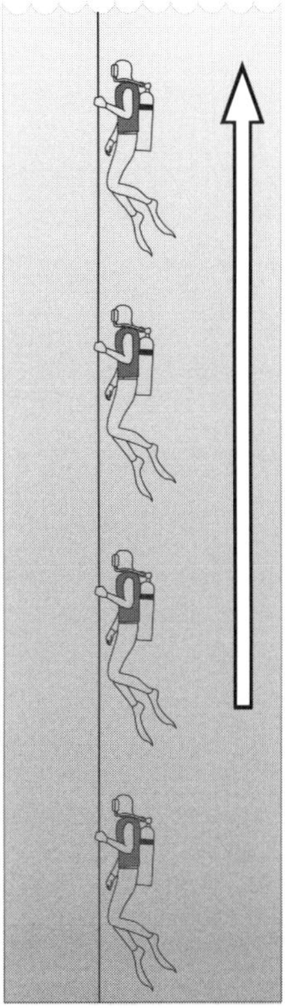

8 器具・設備の点検に関する規定

器具・設備の点検に関する規定

●潜水前の点検（高圧則34条1項）

◆潜水の種類と点検が必要な器具の組み合わせ

器具 潜水の種類	潜水器	圧力調整器 （レギュレーター）	送気管	信号索	さがり綱
送気式潜水	○	○	○	○	○
スクーバ式潜水	○	○	ー	ー	ー

試験との関係では、近年多く出題がされている送気式の方をまず覚えましょう。
なお、「水中時計」「水深計」「救命胴衣」は潜水前の点検が必要な器具に含まれません。**誤った選択肢**としてよく出題されるので注意が必要です。

●定期点検の期間（高圧則34条2項）

点検を要する設備・器具	点検期間（毎）
空気圧縮機	**1週間**
空気清浄装置	**1か月**
水深計	
水中時計	**3か月**
送気量を計るための流量計	**6か月**
ボンベ	

●点検記録の保存（高圧則 34 条 3 項）

□ 潜水作業設備・器具を点検（**潜水前**点検及び**定期**点検）した場合は、その都度、点検の概要を記録して、**3** 年間保存しなければならない。

ゴロ合わせ **潜水前の点検**

（送気式潜水）	**センサ**	**ー（あ）**	**送**	**信！**	
	（潜水器）（さがり綱）	**（圧力調整器）**	**（送気管）**	**（信号索）**	
（スクーバ式）	**汗**	**出るわ〜**			
	（圧力調整器）（潜水器）				

解答へのヒント

設備・器具の点検期間

設備・器具の点検期間は頻出です。「誤っているものはどれか」という形の出題が多いので、混乱しないようにしっかり覚えましょう。

まず、数字は「**1・3・6**」しか出てこないことをチェックします。

次に、「1」が当てはまるものの中で「**空気圧縮機**」のみが「**週間**」単位であることをチェックしましょう。空気圧縮機は送気式潜水における重要な機材であることが理由の一つですが、覚える際には、「単位も**圧縮**されている（＝週間）」とイメージすると良いでしょう。

さらに、単語の最後に「計」がつく 3 兄弟、「**水深計**」「**水中時計**」「**流量計**」に着目します。これを区別していきます。

◇**真ん中**（水中時計の「**中**」に注目します）は「**3**」（1・3・6 の真ん中）
◇**渦のように流れる**「**6**」

この 2 つを覚えておけば、数字は「1・3・6」しか出てこないのですから、水深計は残りの 1、と導くことができます。

9 連絡員に関する規定

連絡員に関する規定（高圧則 36 条）

□ **送気**式潜水による潜水業務において、潜水業務従事者の安全を守るために、潜水業務従事者と連絡を取り合う者を**連絡員**という。

❷送気員との連絡

□ 連絡員は、潜水業務従事者への**送気の調節**を行うためにバルブ又はコックを操作するもの（送気員）（p.135 参照）と連絡して、潜水業務従事者に必要量の空気を**送気**させる。

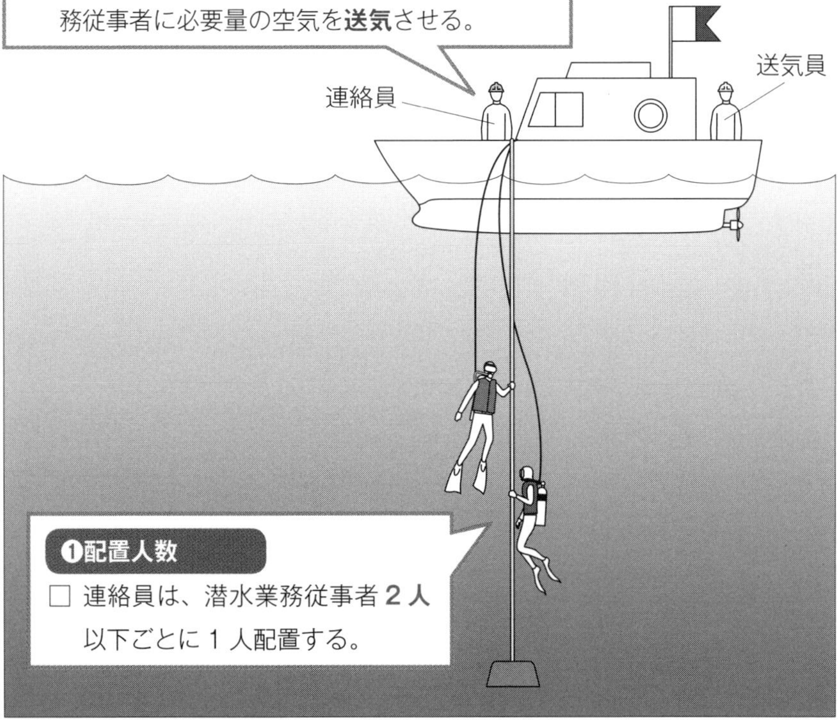

❶配置人数

□ 連絡員は、潜水業務従事者 **2** 人以下ごとに 1 人配置する。

❸潜降・浮上

連絡員は、潜水業務従事者と連絡して、適正に（安全に）**潜降**・**浮上**を行わせる。

❹緊急時の連絡

連絡員は、送気設備の**故障**その他の**事故**により、潜水業務従事者に危険又は健康障害の生ずるおそれのあるときは、**速やか**に**潜水業務従事者**に連絡をする。

㊟速やかにバルブ又はコックを操作する業務に従事する者に連絡するのは×

ヘルメット式潜水の場合

❺ヘルメット結合部の確認

連絡員は、潜降**直前**に潜水業務従事者のヘルメットがかぶと台（別名シコロ。p.74参照）に結合されているかどうかを確認する。

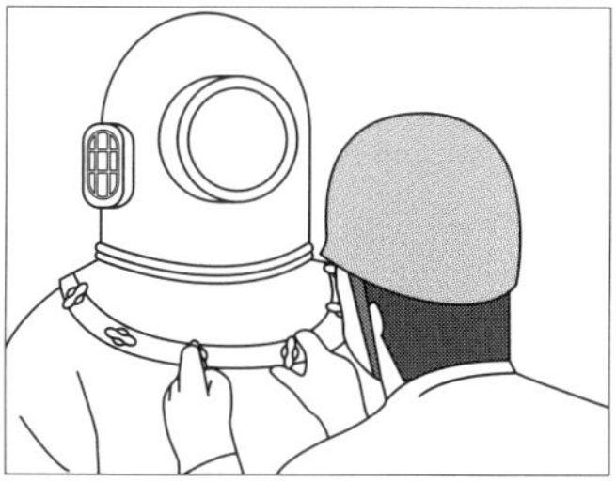

送気式潜水による潜水業務では、連絡員の配置が必要ですが、自給式潜水では、連絡員の配置は規定されていません。
自給式潜水の場合は、潜水業務従事者を監視するための者を配置することが規定されています（高圧則29条2項）。

10 携行物および ガス分圧の制限に関する規定

携行物に関する規定（高圧則 37 条）

◆潜水の種類と潜水業務従事者に必要な携行物の組み合わせ

潜水の種類 ＼ 携行物	送気式		スクーバ式
	（**水中通話装置**（水中電話）が）		
	ある場合	**ない**場合	
信号索	×	○	―
水中時計	×	○	○
水深計	×	○	○
鋭利な刃物（水中ナイフ）	○	○	○
救命胴衣又は浮力調整具(BC)	―	―	○

いずれの潜水方式でも、水中ライトやコンパス、浮上早見表の携行やハーネスの着用は業務づけられていません。

また、スクーバ式潜水において、現在携行が主流となっている残圧計やオクトパス（予備のセカンドステージ）も、法令上、携行は義務づけられていません。
これは、どちらも高圧則制定当時まだ普及していなかったり、主流とはいえなかったことが理由として挙げられます。

●ガス分圧の制限に関する規定（高圧則 15 条 1 項）

□ 呼吸ガスによる健康障害予防のため、以下の制限が規定されている。

ガス成分	分圧の制限	
	下限	上限
酸素	18kPa 以上	原則 160kPa 以下　例外 220kPa 以下
窒素	—	400kPa 以下
炭酸ガス	—	0.5kPa 以下

（例外 220kPa 以下）溺水予防の措置をとっている場合

各ガスの分圧制限の理由は以下のとおりです。

- 酸素…下限は**酸素欠乏防止**、上限は**急性酸素中毒防止**
- 窒素…**窒素酔い防止**のため上限が定められています。
- 炭酸ガス…**炭酸ガス中毒防止**のために上限が定められています。

なお、**ヘリウム**等には特に法令上、分圧の制限はありません。

15 条 1 項は、事業者に対して、潜水作業者が吸入するガス分圧が上記制限内に収まるよう必要な措置を講じる義務を、2 項は事業者に対して、潜水業務請負人等が吸入するガス分圧についても同様に必要な措置を講ずる等の配慮をしなければならないことが規定されています。

▶▶▶ なるほどワード　携行物の周知義務

下請などで事業者が業務等の一部を請負人に請け負わせるときは、当該請負人に対し、左記の携行物を使用する必要がある旨を**周知させ**なければならないとの規定があります（高圧則 37 条 2 項・4 項）。

これは、事業者―労働者間と異なり事業者―請負人間には指揮命令関係がないため、事業者は請負人に使用を義務づけることができない一方で、請負人に対しても一定の安全配慮義務があることから、**周知させる**義務があるためです。

11 健康診断に関する規定

健康診断に関する規定（高圧則 38 ～ 40 条）

●実施時期

□ 事業者は、高圧室内業務又は潜水業務（高気圧業務）に**常時**従事する労働者に対して、以下のタイミングで高気圧業務健康診断を行うことが、法令上義務づけられている（高圧則 38 条 1 項）。

義務事項＼時期	**雇入れ**時	**配置換え**時	定期 （**6 か月**ごと）
健康診断の実施（38 条 1 項）	○	○	○
健康診断結果報告書の提出 （40 条・p.120 参照）	—	—	○

●診断項目（高圧則 38 条）

通常項目（1項）	❶**既往歴**及び**高気圧業務歴**の調査 ❷関節、腰若しくは下肢の痛み、耳鳴り等の自覚症状又は他覚症状の有無の検査 ❸**四肢**の**運動**機能の検査 ❹**鼓膜**及び**聴力**の検査 ❺**血圧**の測定並びに**尿**中の**糖**及び**蛋白**の有無の検査 ❻**肺活量**の測定 ㊟×視力検査 ×血液中の尿酸量の検査
追加項目（2項）（※）	❶作業条件調査 ❷肺換気機能検査 ❸心電図検査 ❹関節部のエックス線直接撮影による検査 ※通常項目の健康診断の結果、医師が必要と認めた場合は追加の検査を行う。

●高気圧業務健康診断実施後の各規定

健康診断の実施（**雇入れ・配置換え**）

健康診断の実施（定期）

- 高気圧業務健康診断**個人票**の作成（高圧則 39 条）
  事業者は、高気圧業務健康診断の結果に基づき、高気圧業務健康診断**個人票**（p.121）を作成しなければならない。

「**遅滞なく**」とは理由があったら遅れてもいいけど、なるべくすぐにという意味です。

なお、高気圧業務健康診断の結果報告書の提出は定期のものに限ります！

遅滞なく

- 高気圧業務健康診断**結果報告書**の提出（高圧則 40 条）
  事業者は、**定期**の高気圧業務健康診断を行なったときは、遅滞なく、高気圧業務健康診断**結果報告書**を当該事業場の所在地を管轄する**労働基準監督署長**に提出しなければならない。

3 か月以内

- 医師からの意見聴取（高圧則 39 条の 2 第 1 項 1 号）
  高気圧業務健康診断の結果、異常の所見があると診断された労働者については、健康診断実施日から **3 か月**以内に医師からの意見聴取を行わなければならない。

5 年間

- 高気圧業務健康診断**個人票**の**保存**（高圧則 39 条）
  事業者は、高気圧業務健康診断**個人票**を **5** 年間**保存**しなければならない。

12 再圧室に関する規定

再圧室に関する規定（高圧則42～46条）

□ 減圧症（p.112）ないし空気塞栓《そくせん》症（p.115）の治療のために再圧治療を行うことを目的とした圧力容器を**再圧室**という。

●設置に関する規定（高圧則42条1項）

□ 事業者は、水深10m以上の場所における潜水業務を行うときは、**再圧室**を**設置**し、又は**利用**できるような措置を講じなければならない。

●点検に関する規定（高圧則45条）

設置時 → 1か月以内 → **定期** → 1か月以内

1 点検

点検事項	
	❶**送気**設備及び**排気**設備の作動の状況
	❷**通話**装置及び**警報**装置の作動の状況
	❸**電路**の**漏電**の有無
	❹**電気機械**器具及び**配線**の**損傷**その他異常の有無

2 記録

点検結果を記録する

3 保存 → **3 保存**

記録を3年間保存する

●利用に関する規定

立入禁止及びその表示（43条）

□ 再圧室を設置した場所及び再圧室を操作する場所に、必要のある者以外の者が**立ち入る**ことを禁止する。

□ 立入禁止にした場合は、その旨を見やすい箇所に**表示**しておかなければならない。

危険物等持込み禁止の掲示（46条）

□ 再圧室の内部に**危険物等**（高温となって可燃物の点火源となるおそれのある物等）を**持ち込む**ことを**禁止**する。

□ **危険物等持込み禁止**にした場合は、その旨を再圧室の**入口**に**掲示**しておかなければならない。

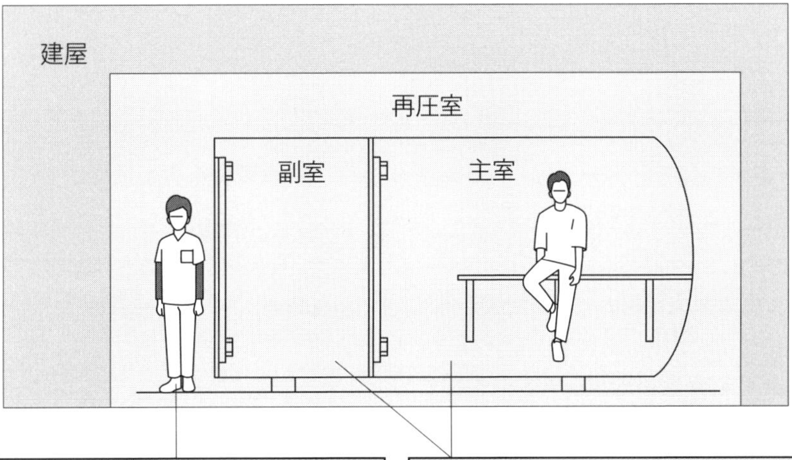

操作者による監視（44条1項4号）

□ 再圧室の操作を行う者に加圧及び減圧の状態その他異常の有無について**常時監視**させる。

主室と副室（44条1項3号）

□ 出入りに必要な場合を除き、主室と副室の間の扉は**閉める**。

□ 主室と副室それぞれ内部の圧力は**等しく**保つ。

●記録に関する規定（44条2項）

□ 事業者は、再圧室を使用したときは、**その都度**、加圧及び減圧の状況を記録した書類を作成する。

□ 事業者は、記録を**5**年間保存しなければならない。

13 潜水士免許に関する規定

潜水士免許に関する規定（高圧則 52 条等）

免 許（高圧則 52 条等）

- 与える者

都道府県労働局長によって、免許証を交付することで与えられる。

- 免許資格者

❶潜水士免許試験に**合格した者**
❷その他厚生労働大臣が定める者

㊟免許を受けられるのは❶試験合格者だけではない点に注意！

- 欠格条項

免許試験に合格しても、以下の者には免許は与えられない。

[1] 免許を取り消された者など
[2] **18** 歳に満たない者

㊟ 20 歳ではない！

いかなる水深にかかわらず、潜水業務に就く者は、潜水士免許を受けていなければなりません（高圧則 12 条）。
「水深 10m 未満での潜水業務には、免許は必要でない」などは、**誤った選択肢**として頻出ですから、注意しましょう。

再交付・書替え（安衛則 67 条）

<table>
<tr><th>事項</th><th>請求者</th><th>請求時</th><th>提出先</th><th>提出物</th></tr>
<tr><td>再交付</td><td rowspan="2">潜水業に
現に就いている者
就こうとする者</td><td>免許証を**滅失**又は**損傷**したとき</td><td rowspan="2">**都道府県労働局長**</td><td>免許証**再交付**申請書</td></tr>
<tr><td>書替え</td><td>**氏名**を変更したとき</td><td>免許証**書替**申請書</td></tr>
</table>

㊟住所の変更ではない！

㊟労働基準監督署長ではない！

提出先の都道府県労働局長は、**免許証の交付**を受けた都道府県の労働局長でも、**現在の住所を管轄する**都道府県の労働局長でもどちらでもOKです。

免許取消し等（安衛法 74 条等）

・免許取消し・免許の効力の一時停止

□ 以下の場合には、免許を取り消し、又は6か月を超えない範囲内での期間で免許の効力を停止されることがある。

❶**故意**又は**重大な過失**により、当該免許に係る業務について**重大な事故**を発生させたとき。
❷免許証を他人に**譲渡**し、又は**貸与**したとき　　など

□ 免許の取消しの処分を受けた者は、遅滞なく、免許の取消しをした都道府県労働局長に免許証を**返還**しなければならない。

14 構造規格に関する規定

構造規格に関する規定

◆**安衛法**

第 42 条　特定機械等以外の機械等で、別表第二に掲げるものその他危険若しくは有害な作業を必要とするもの、危険な場所において使用するもの又は危険若しくは健康障害を防止するため使用するもののうち、**政令で定めるもの**は、**厚生労働大臣が定める規格**又は安全装置を具備しなければ、**譲渡**し、**貸与**し、又は**設置**してはならない。

◆**労働安全衛生法施行令**

第 13 条

3　法第 42 条の政令で定める機械等は、次に掲げる機械等（本邦の地域内で使用されないことが明らかな場合を除く。）とする。

⑳　**再圧室**

㉑　**潜水器**

構造規格に関する規定

□ 法令上、**再圧室**と**潜水器**については、厚生労働大臣が定める**規格を具備**しなければ、**譲渡**し、**貸与**し、又は**設置してはならない**。

◆再圧室構造規格

第１条　再圧室は、副室が設けられているものでなければならない。ただし、可搬型の再圧室にあっては、この限りでない。

第２条　再圧室の主室と副室との間の扉は、それぞれの室を気密に保つことができ、かつ、それぞれの内部の圧力が等しい場合には、容易に開くことができるものでなければならない。

第３条　再圧室の外扉は、当該再圧室の内部の圧力が外部の圧力と等しい場合には、内部及び外部から容易に開くことができるものでなければならない。

（以下略）

◆潜水器構造規格

第１条　潜水器の構造は、次に定めるところに適合するものでなければならない。

①面ガラスは、視界が九十度以上のものであること。

②面ガラス以外ののぞき窓には、窓ガラスを保護するための金属製格《こう》子等が取り付けられていること。

③送気管の取付部に逆止弁が設けられていること。

第２条　ヘルメット式潜水器のヘルメットは、排気弁その他の外部から手で操作できる空気抜装置を備えているものでなければならない。

潜水器具には、空気清浄装置や流量計などさまざまなものがありますが、厚労大臣により規格が定められているのは、再圧室と潜水器のみです。なお、規格を有する潜水器は、ヘルメット式潜水器のみを指します。

◎ 記録・書類の保存年限についてのまとめ

<table>
<tr><th>項　目</th><th>保存年限</th></tr>
<tr><td>❶作業計画を記録した書類</td><td rowspan="4">5年間</td></tr>
<tr><td>❷潜水業務を行った潜水業務従事者の氏名及び減圧の日時を記載した書類</td></tr>
<tr><td>❸高気圧業務健康診断個人票</td></tr>
<tr><td>❹再圧室使用時の加圧及び減圧の状況を記録した書類</td></tr>
<tr><td>❺潜水前に行う潜水器及び圧力調整器等の点検の概要の記録</td><td rowspan="2">3年間</td></tr>
<tr><td>❻再圧室設置時及び定期に行う送気設備等の作動の状況の点検の結果の記録</td></tr>
</table>

潜水に関連する記録・書類の保存の規定（高圧則）は、上記の6つです。
見て頂くとお分かりのとおり、点検に関する記録は3年間、それ以外は5年間となっています。
したがって、「点検」と「それ以外」に分けて理解、記憶を行うといいでしょう。

よく出る問題編

※実際の試験問題は五肢択一形式の出題形式です。

よく出る問題編では、法律名を下記のように表記しています。
高気圧作業安全衛生規則 ―――― 高圧則
労働安全衛生法 ―――――――― 安衛法
労働安全衛生規則 ――――――― 安衛則

潜水業務 ①

問1
□□
圧力は、単位面積当たりに垂直方向に作用する力である。

問2
□□
圧力計が100barを指している。この指示値をSI単位に換算すると1MPaとなる。

問3
□□
1気圧は国際単位系（SI単位）で表すと、約101.3kPa又は約0.1013MPaとなる。

問4
□□
ゲージ圧力は、絶対圧力から大気圧を引いたものである。

問5
□□
ゲージ圧力0.4MPaはゲージ圧力0 MPaの4倍である。

問6
□□
潜水時に受ける圧力は、大気圧と水圧の差である。

問7
□□
海水では、水深が10m増すごとに、水圧は1気圧ずつ増す。

問8
□□
水深30 mで潜水時に受ける圧力は、絶対圧力で約4気圧となる。

問9
□□
水深が同じであれば、潜水者の受ける圧力は海水中より淡水中がわずかに大きい。

問10
□□
流体中の任意の1点では、あらゆる方向の圧力がつりあっている。

答1 ○
圧力の SI 単位（国際単位系）は **Pa**（**パスカル**）を使用することが計量法で定められている。

答2 ×
bar と Pa の関係は 1bar＝**0.1**MPa であるから、100bar＝**10**MPa となる。

答3 ○
kPa、MPa はともに SI 単位 Pa の仲間（倍量という）であり、1MPa ＝ **1000**kPa である。簡略化して、1atm ≒約 **0.1**MPa とも使われる。

答4 ○
ゲージ圧力とは海面 **0** m を、絶対圧力とは完全な**真空**（絶対**真空**）を基準（0）とした圧力の表記方法である。圧力計などに使用されている。

答5 ×
0 では計算ができないから、**絶対**圧力に変換する。ゲージ圧力 0.4MPa → **絶対**圧力 **0.5**MPa、同様に 0 MPa → **0.1**MPa であるから、**5** 倍となる。

答6 ×
潜水時に受ける圧力は、大気圧と水圧の**和**である。

答7 ○
ゲージ圧力は、水深 10 m で **1** 気圧、水深 20 m で **2** 気圧となる。

答8 ○
絶対圧力は水深 0 m で **1** 気圧であるから、**1** 気圧＋（**3** × **1** 気圧）＝ **4** 気圧となる。

答9 ×
塩分が含まれている分、海水の方が**重く**、海水での水圧は **1.025**kg /cm^2（水深 10 m）であるのに対して、淡水は **1**kg /cm^2 でありわずかに**小さい**。

答10 ○
パスカルの原理の元となる、流体の圧力の伝播に関する基本的性質の一つ、**等方**性についての説明である。

潜水業務 ②

問1 密閉容器の一部に加えられた圧力は、密閉容器内の静止する流体に、そのままの強さで、すべての方向に等しく伝えられる。

問2 水で満たされた直径の異なる２つのシリンダが直結しているとき、ピストンＡに１Ｎの力を加えると、ピストンＢには４Ｎの力が作用する。

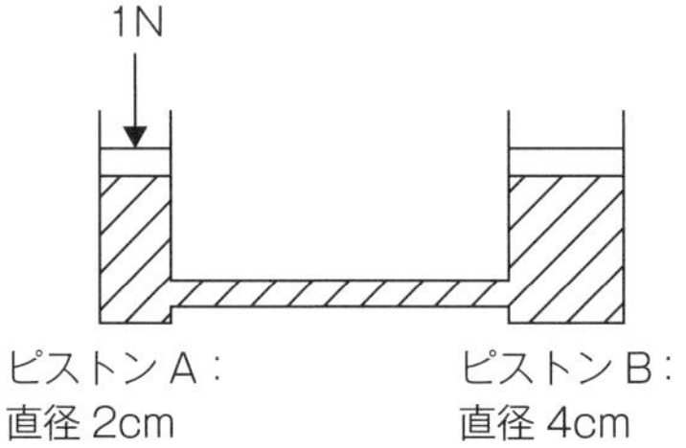

問3 気体では、温度が一定の場合、圧力 P と体積 V について P/V（一定）の関係が成り立つ。

問4 大気圧下で６Ｌの空気は、水深 20 mでは３Ｌになる。

問5 体積 5L になると破裂するゴム風船に、深さ 20 mの水中において空気ボンベで 2L の体積まで空気を注入し浮上させると、水深 0.5 mで破裂する。

問6 圧力が一定のとき、気体の体積 V と温度 T について V / T（一定）の関係が成り立つ。

問7 セルシウス温度 15℃のとき、絶対温度は 238K である。

問8 気温 10℃で 8L の風船は、気温 30℃で約 8.6L である。

答1
○
パスカルの原理である。また、当該圧力は、流体に接する、あるいは流体内に存在する物体のあらゆる面に対して常に**垂直**に作用する。

答2
○
ピストンAに作用する圧力（重さ（N）／面積（cm^2））は、**$1/\pi$**。問題文のシリンダは**密閉**容器であり、内部が**静止**した**流体**（水）で満たされた状態で、その一部に力（圧力）が加えられていることから、**パスカル**の原理より、「ピストンAに作用する**圧力**＝ピストンBに作用する**圧力**」が成り立つ。したがって、**$1/\pi = x/4\pi$**より、**$x = 4$**（N）が導かれる。

答3
×
気体では、温度が一定の場合、圧力Pと体積Vについて**ボイル**の法則❶が成り立つ。PV（一定）であり、圧力と体積は**反比例**する。

答4
×
ボイルの法則❷より、$P_1V_1 = P_2V_2$。問題文の数値を当てはめると、**1**atm × **6**L ＝ **3**atm × x Lとなり、x ＝ **2**Lとなる。

答5
×
ボイルの法則❷より、$P_1V_1 = P_2V_2$。問題文より、**3**atm × **2**L ＝ x atm × **5**Lとなり、x ＝ **1.2**atm（**絶対**圧力）。水深**0.2** mで破裂する。

答6
○
シャルルの法則❷である。圧力が一定のとき、温度が$T_1 \rightarrow T_2$へ変化した場合には、$V_1 / T_1 = V_2 / T_2$が成立する。

答7
×
シャルルの法則で使われる絶対温度（K）は、セルシウス温度（℃）＋**273**より導かれる。よって、セルシウス温度15℃は**288**Kである。

答8
○
シャルルの法則❷より、$V_1 / T_1 = V_2 / T_2$が成立する。気温10℃、30℃を絶対温度に直して、**8**L/**283**K ＝x L/**303**Kより、x ≒ **8.6**Lとなる。

潜水業務 ③

問1

一定量の気体の圧力は、気体の絶対温度に比例し、体積に反比例する。

問2

温度は、気体の圧力と体積に比例する。

問3

内容積 10L のボンベに、15℃、ゲージ圧力 30MPa で充填《じゅうてん》されている空気が 25℃に熱せられたとき、ボンベ内のゲージ圧力は約 31MPa となる。

問4

気体の密度は、圧力に比例する。

問5

ゲージ圧力 0.2MPa、25℃の空気の密度は、ゲージ圧力 0MPa、25℃の場合の 2 倍である。

問6

2 種類以上の気体により構成される混合気体の全圧（圧力）は、それぞれの気体の分圧の和に等しい。

問7

2L の容器 A と 3L の容器 B が活栓を閉じた状態で配管により連結され、容器 A には 100kPa の酸素、容器 B には 150kPa の窒素を入れた場合、活栓を開いて酸素と窒素を混合させると混合気体の圧力は 120kPa である。

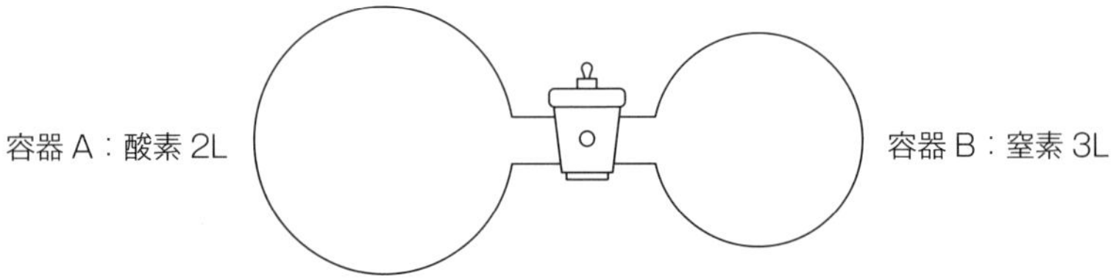

問8

空気における窒素の分圧は、約 0.078MPa である。

答1 ○
ボイル - シャルルの法則（「気体の体積は、圧力に**反比例**し、温度に**比例**する」）を、圧力を中心に表現したものである。

答2 ○
ボイル - シャルルの法則を、温度を中心に言い換えたものである。**ボイル - シャルル**の法則の式は、$P_1 V_1 / T_1 = P_2V_2 / T_2$ と表される。

答3 ○
ボイル - シャルルの法則（$P_1 V_1 / T_1 = P_2V_2 / T_2$）より、30MPa × 10L /288K ＝ x MPa × 10L /298K となり、x ≒ **31.04**MPa となる。

答4 ○
ボイルの法則❶より、気体の体積は圧力に**反比例**し、密度は「**重さ÷体積**」で求められるから、圧力が大きければ**密度**も比例して大きくなる。

答5 ×
気体の密度は、圧力に比例する。ゲージ圧力を絶対圧力に変換すると、**0.3**（← 0.2）MPa は **0.1**（← 0）MPa の **3** 倍だから、密度も **3** 倍となる。

答6 ○
ダルトンの法則である。**分圧**の法則ともいう。

答7 ×
混合気体の圧力は、**ダルトン**の法則（「$P = P_A + P_B$」）が成り立つ。P_A、P_B を導くために、まず**ボイル**の法則❷（$P_1 V_1 = P_2V_2$）を当てはめて容器 A、B それぞれの**分圧**を求める。容器 A は、**100**kPa × **2**L ＝ **5**P_2 より、P_2 ＝ **40**kPa となる。一方、容器 B は、**150**kPa × **3**L ＝ **5**P_2 より、P_2 ＝ **90**kPa となる。これを $P = P_A + P_B$ に当てはめて、P ＝ **40**kPa ＋ **90**kPa ＝ **130**kPa。したがって、混合気体の圧力は **130**kPa である。

答8 ○
空気中の窒素の割合は約 78%であるから、ダルトンの法則より、空気（**0.1**MPa。大気圧）中の窒素分圧は **0.078**MPa となる。

問1 空気をゲージ圧力 0.8MPa に加圧したとき、窒素の分圧（絶対圧力）は 0.688MPa である。

問2 温度が一定のとき、一定量の液体に溶解する気体の質量はその気体の圧力に反比例する。

問3 ヘンリーの法則は、気体と液体が混ざり合うときに成り立つ法則である。

問4 溶解度とは、液体に対して、気体が溶解する程度をいい、気体によってそれぞれ異なる。

問5 気体が溶解度に達し、これ以上溶解しない状態を過飽和という。

問6 過度な過飽和状態により、気体の排出が間に合わず、液体中で沸騰したように気泡が発生することを蒸発という。

問7 質量とは、「物体に働く重力の大きさ」であり、ばねばかりではかることができる。

問8 密度が一定のとき、質量と体積は比例する。

問9 潜降するとき、呼吸する空気中の窒素分圧の上昇に伴って、体内に溶解する窒素量も増加する。

問10 浮上するとき、呼吸する空気中の窒素分圧の低下に伴って、体内に溶解していた窒素が体内で気泡化することがある。

答1 ×
空気中の窒素分圧は **0.078**MPa である。ゲージ圧力 0.8MPa（＝**絶対**圧力 **0.9**MPa）は大気圧の **9** 倍。よって、**0.078** × **9** ＝ **0.702**MPa。

答2 ×
ヘンリーの法則より、温度が一定のとき、一定量の液体に溶解する気体の質量は圧力に**比例**する。

答3 ×
ヘンリーの法則は、気体と液体が**隣り**合うときに成り立つ法則である。

答4 ○
例えば、水 1L に対し、酸素は **0.0475** g、窒素は **0.0201** g それぞれ溶解する。

答5 ×
気体が溶解度に達し、これ以上溶解しない状態を**飽和**という。過飽和は、溶解している気体の質量が**飽和**状態**以上**になっている状態をいう。

答6 ×
過度な過飽和状態により、気体の排出が間に合わず、液体中で沸騰したように気泡が発生することを**気泡化**という。

答7 ×
質量とは、「**物そのものの量**」で、**上皿天秤**ではかることができる。ばねばかりではかる「物体に働く重力の大きさ」は、**重さ**（**N**）である。

答8 ○
「質量＝**密度**×**体積**」の関係が成り立つから、密度が一定のとき、質量と体積は**比例**する。

答9 ○
潜降により環境圧力が**上昇**し、窒素分圧が**上昇**すると、**ヘンリー**の法則より、液体（血液や組織）中に溶解する窒素の量も**増加**する。

答10 ○
浮上により、血液や組織中に溶解可能な窒素の量も**低下**し、過度に**過飽和**状態となると、溶解していた窒素が体内で**気泡化**しうる。

潜水業務 ⑤

問1 温度が一定のとき、一定量の液体に溶解する気体の体積は、その気体の圧力にかかわらず一定である。

問2 0.3MPa（絶対圧力）の圧力下において一定量の液体に溶解する気体の体積は、0.1MPa（絶対圧力）の圧力下において溶解する体積の3倍となる。

問3 温度が一定のとき、一定量の液体に溶解する気体の体積は、（同じ圧力のもとでは）分圧に比例する。

問4 空気中の窒素を80%とすると、温度が一定のとき、空気に接した水に溶解する窒素の体積は、窒素100%に接しているときの約80%である。

問5 水中にある物体が、水から受ける上向きの力を浮力という。

問6 水中に静止している物体は、これと同体積の水の重量に等しい浮力を受ける。

問7 圧縮性のない物体は水深によって浮力は変化しない。

問8 圧縮性のある物体は水深が深くなるほど浮力は大きくなる。

問9 同じ体積の物体であっても、重心の低い形の物体は、重心の高い形の物体よりも浮力が大きい。

問10 水中に物体があり、この物体の質量が、この物体と同体積の水の質量と同じ場合は、中性浮力の状態となる。

答1
○
ヘンリーの法則と**ボイル**の法則より、導かれる。

答2
×
ヘンリーの法則と**ボイル**の法則より、温度が一定のとき、一定量の液体に溶解する気体の体積は、圧力に**かかわらず一定**である。

答3
○
ヘンリーの法則と分圧の法則である**ダルトン**の法則により、導かれる。

答4
○
温度が一定のとき、一定量の液体に溶解する気体の体積は、（同じ圧力のもとでは）**分圧**に**比例**することから、導かれる。

答5
○
浮力は、重力と**反対**方向に働く力である。

答6
○
アルキメデスの原理である。なお、重量は重さ（重力の大きさ）とも言い換えられる。

答7
○
アルキメデスの原理より、浮力は物体の**体積**と比例するから、圧縮性がなければ、体積が変わ**らない**以上浮力も変化**しない**。

答8
×
アルキメデスの原理より、浮力は物体の**体積**と比例するから、圧縮性があると水深が深くなるほど体積が**減少**し、浮力も**小さ**くなる。

答9
×
アルキメデスの原理より、浮力は物体の**体積**と比例するが、重心と浮力とは関係**ない**。

答10
○
中性浮力とは、浮力が物体の重さと等しい場合に、物体が流体中に**静止**する状態をいう。

潜水業務 ⑥

問1 水中に物体があり、この物体の質量が、この物体と同体積の水の質量より小さい場合は、負の浮力の状態となる。

問2 水中に物体があり、この物体の質量が、この物体と同体積の水の質量より大きい場合は、物体は水に沈む。

問3 浮力は、「物体と同体積の流体の密度」と「物体の体積」との積により求められる。

問4 海水中にある物体が受ける浮力は、同一の物体が淡水中で受ける浮力より小さい。

問5 体積 40cm³ で質量が 200 g のおもりを右の図のようにばね秤《ばかり》に糸でつるし、水に浸《つ》けたとき、ばね秤が示す数値は 160 g である。

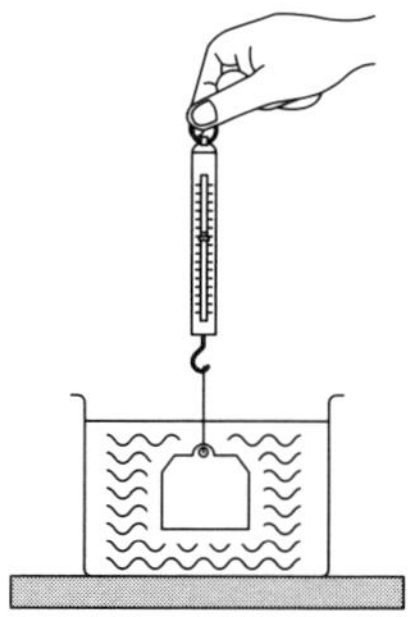

問6 右図のような細長い円柱状の浮きが、上端を水面上に出して静止している。この浮きの上端の水面からの高さ h は 13cm である。

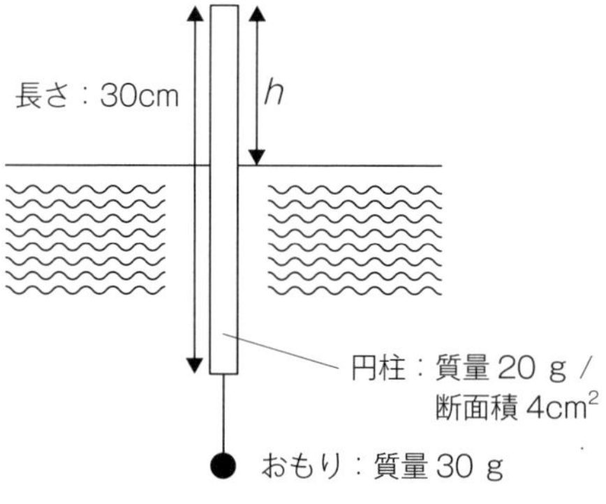

答1
×
水中に物体があり、この物体の質量が、物体と同体積の水の質量より小さい場合は、浮力が物体の質量より**大き**いので、**正**の浮力となる。

答2
○
水中に物体があり、この物体の質量が、この物体と同体積の水の質量より大きい場合は、**負**の浮力の状態となり、物体は水に**沈む**。

答3
○
アルキメデスの原理より、導かれる。

答4
×
浮力＝「物体と同体積の流体の**密度**」×「物体の**体積**」であることから、淡水よりわずかに密度が**大き**い海水は、浮力も**大き**くなる。

答5
○
浮力＝「物体と同体積の流体の**密度**」×「物体の**体積**」であることから、**1**g/cm^3 × **40**cm^3 ＝ **40** g。浮力は40 g分作用することになる。そして、ばね秤がしめす数値は「おもりの**質量**」－「**浮力**」によって求められることから、**200** g － **40** g ＝ **160** gである。

答6
×
①浮きにかかる重力＝「おもりの重さ（質量）＋浮きの重さ（質量）」より、**30** g ＋ **20** g ＝ **50** g。浮きは静止していることから、浮力も **50** gとなる。②「浮力＝密度（g /cm^3）×水中部分の物体の体積（cm^3）」であることから、**50** ＝ **1**（g /cm^3）× **50**cm^3 となり、浮きの水中部分の体積は **50**cm^3 と分かる。③浮きの断面積は 4cm^2 であることから、浮き水中部分の高さは **50** ÷ **4** ＝ **12.5**cm。④水中から出ている高さは **30** － **12.5** ＝ **17.5**cm である。

潜水業務 ⑦

問1 体積800cm^{3}で質量が500 gの木片が、下の図のように浮いている。この木片の水面下にある部分の体積は350cm^{3}である。

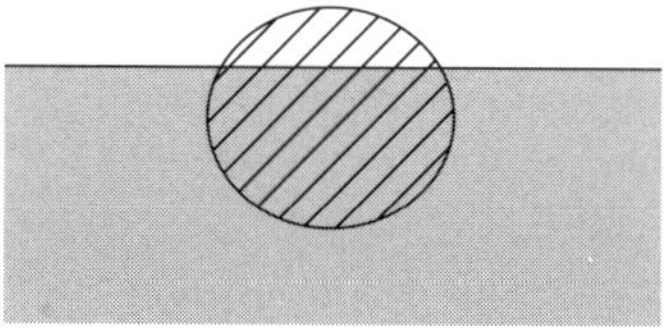

問2 空気は、酸素、窒素、アルゴン、ヘリウム、二酸化炭素などから構成される。

問3 窒素は、無色無臭で、常温・常圧では化学的に安定した不活性の気体である。

問4 窒素は、高圧化では酸化作用がある。

問5 酸素は、無色無臭で、生命維持に必要不可欠な可燃性ガスである。

問6 空気中の酸素濃度は高ければ高いほど良い。

問7 二酸化炭素は、空気中に0.3～0.4％の割合で含まれている無色、無臭の気体である。

問8 二酸化炭素は、人体の代謝作用や物質の燃焼によって発生する。

答1
×

木片は、水中に静止していることから、**アルキメデスの原理**が成立する。木片の質量（重さ）は500 gであるから、木片にかかっている浮力も**500** gとなる。「浮力＝**流体の密度**（g /cm^3）×**流体中の物体の体積**（cm^3）」であるところ、水の密度は**1** g /cm^3 であるから、「**500** g＝**1** g /cm^3 ×**流体中の物体の体積**（cm^3）」となり、流体中の物体の体積は**500**cm^3 である。

答2
○

空気は複合気体である。**窒素**約78%、**酸素**約21%、**アルゴン**約0.9%、**二酸化炭素**約0.03～0.04%、**ヘリウム**約0.0005%などが含まれる。

答3
○

空気の約**78**%を占める窒素は、**常**温・**常**圧の生体内では他の元素等と結合することのない、**化学**的に**安定**した**不活**性の気体である。

答4
×

窒素は、高圧化では**麻酔**作用があり、いわゆる**窒素酔い**を引き起こすおそれがある。

答5
×

酸素は、可燃物の燃焼を支える**助**燃性ガスではあるが、酸素自体は燃えたり爆発することはなく、**可**燃性ガスではない。

答6
×

普段の空気中の酸素濃度は約**21**%であり、酸素濃度が高すぎると、**酸素中毒**という有毒な作用を引き起こす。

答7
×

二酸化炭素は、空気中に**0.03**～**0.04**%の割合で含まれている。

答8
○

二酸化炭素は、呼吸運動によって体に取り込んだ**酸素**の**代謝**活動や、物質の**燃焼**によって生成される。

問1
ヘリウムは、無色・無臭の不活性の気体であり、密度が大きいので呼吸抵抗も大きい。

問2
ヘリウムは、酸素や窒素と比べると熱伝導率が大きい。

問3
ヘリウムは、他の元素と結合しない化学的に安定した気体であり、きわめて重い。

問4
ヘリウムは、体内に溶け込む量は多く、溶け込む速度は小さい。

問5
ヘリウムは、窒素のような麻酔作用を起こすことは少ないが、いわゆるドナルドダック・ボイスといわれる声質になるという欠点がある。

問6
一酸化炭素は、無色であるが異臭があるため、発見は容易である。

問7
一酸化炭素は、物質の不完全燃焼などによって生じる有毒な気体である。

問8
二酸化炭素は、人の呼吸の維持には、血液中に微量含まれていることが必要である。

問9
澄んだ水中で面マスクを通して近距離にある物を見た場合、物体の位置は実際より遠く見える。

問10
澄んだ水中で面マスクを通して近距離にある物を見た場合、物体の大きさは実際より小さく見える。

答1 ×
ヘリウムは、密度がきわめて**小さ**く、吸入時の呼吸抵抗を**小さ**く抑えることができる。

答2 ○
ヘリウムは、熱伝導率が**大き**いため、潜水作業者の**体温**を奪いやすい。

答3 ×
ヘリウムは、他の元素と結合**しない**化学的に**安定**した**不活**性の気体であり、きわめて**軽**い。

答4 ×
ヘリウムは、体内に溶け込む量は**少な**く、溶け込む速度は**大き**いため、早く**飽和**する。

答5 ○
ヘリウムは、密度が**小さ**いために、**音声**の伝達を歪ませ、いわゆる**ドナルドダック・ボイス**といわれる声質になるという欠点がある。

答6 ×
一酸化炭素は、物質の不完全燃焼などによって生じる**可**燃性の気体であり、**無**色かつ**無**臭である。

答7 ○
一酸化炭素は、呼吸によって体内に入ると赤血球のヘモグロビンと結合し、**酸素**の組織への運搬を**阻害**する有毒な作用がある。

答8 ○
血液中の二酸化炭素には、脳幹の**呼吸**中枢への指令や、血管・気管を**拡張**する役割があるため、一定の二酸化炭素は体内に必要で**ある**。

答9 ×
面マスクを挟んだ内（空気）と外（水）の密度は約 800 倍異なり、近距離のものは**屈折**して視認され、実際よりも物体は **3/4** ほど**近**く見える。

答10 ×
面マスクを通して近距離の物を見た場合、実際よりも物体は **4/3** ほど**大き**く見える。

潜水業務 ⑨

問1 水中では、物が青のフィルターを通したときのように見えるが、これは青い色が水に最も吸収されやすいからである。

問2 光は、水と空気の境界では下の図のように屈折する。

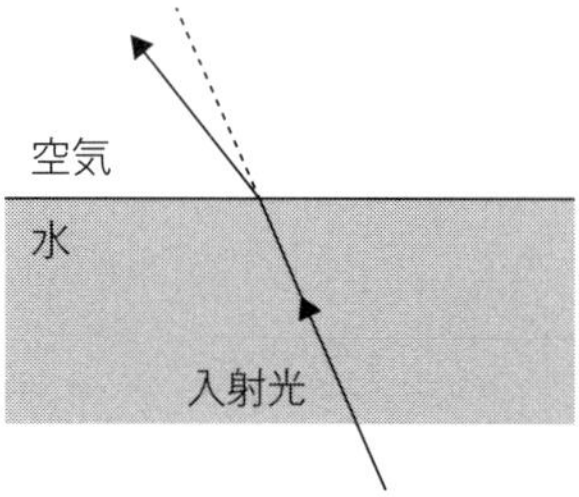

問3 濁った水中では、蛍光性のオレンジ色や黄色のものが視認しやすい。

問4 水中での音の伝播速度は、毎秒約 330 mである。

問5 水は、空気と比べて密度が大きいので、水中で音は長い距離を伝播することができる。

問6 水中では、音の伝播速度が非常に速いので、耳による音源の方向探知が容易になる。

問7 水は空気と比べて、熱を伝えにくい。

問8 水中での熱の主な伝わり方には、熱伝導、熱対流などがある。

答1 ×

水中では、水分子により、波長の**長**い**赤**い色が最も吸収されやすいことから、物が**青**のフィルターを通したときのように見える。

答2 ○

光が、密度の異なる媒質を通過するときに、境界面で進行方向を変える特性を**屈折**という。水と空気では密度が約 **800** 倍異なることから、その境界で**屈折**が起こり、近距離で物を見ると、まるで凸レンズを通したときのように実際よりも**近**くかつ**大き**く見えることになる。

答3 ○

水中では**長**波長の**赤**色、懸濁物などには**短**波長の**青**色が吸収されやすいため、濁った水中では**蛍光**性の**オレンジ**色・**黄**色が視認しやすい。

答4 ×

水中での音の伝播速度は、毎秒約 **1400 ～ 1500** mと非常に**速**い。毎秒約 330 mで伝播するのは、**空気中**での音の伝播速度である。

答5 ○

密度の大きい物質ほど、音を**速**く伝播するところ、液体は気体よりも密度が**大き**い。また、弱まり**にく**いため、長い距離を伝播でき**る**。

答6 ×

水中では、音の伝播速度が非常に**速**いので、**両耳効果**は低くなり耳による音源の方向探知が**難し**くなる。

答7 ×

水は空気と比べて **25** 倍も熱を伝え**やす**い。よって、潜水服を着用せずに潜水すると体表面の熱が周囲の水に伝わり、急速に体熱を**損な**う。

答8 ○

熱伝導は**直**接的な熱の伝播、熱対流は水の動きに伴う熱の**移動**をいう。

潜水業務 ⑩

問1 混合ガス潜水では、深度が深く、水温が低い場所に長時間いることが多いため、保温に優れた温水潜水服を着用する。

問2 混合ガス潜水において、温水供給ホース、送気ホース、電話通信線など複数のホース類を一体化したホース状のものをアンビリカルという。

問3 温水潜水服では、船上の温水供給装置で海水を加温した温水がアンビリカルの温水供給ホースを介して温水潜水服へ一定流量で供給される。

問4 温水供給ホースの内径は、潜水深度が浅い場合は 1/3 インチ、深い場合は 5/8 インチを使用する。

問5 温水供給ホースの温水は、服内を循環し続け、水中に排出されることはない。

問6 温水潜水服での温水供給量は、通常、作業者 1 名あたり毎分 40L 以上とされている。

問7 空気潜水による潜水は、50 m の深度まで行うことができる。

問8 大気圧潜水とは、硬い耐圧殻に入って人体を水圧から守り、大気圧の状態で行うことのできる潜水のことである。

問9 環境圧潜水とは、人体が潜水深度に応じた水圧を直接受けて潜水する方法をいう。

問10 環境圧潜水は、潜水者への送気方法によって、送気式と自給気式に分類される。

答1
○
混合ガス潜水は、深度 **40** mを超える大深度で行われるため水温が**低**い。よって、ドライスーツよりも保温力の**高い温水潜水服**を着用する。

答2
○
アンビリカルには、問題文のものの他にも、深度計測用ホース、**映像・電源ケーブル**などのホース・ケーブル類が含まれる。

答3
○
温水供給ホースの水温は、船上の温水供給装置で**適宜**調整される。

答4
×
温水供給ホースの内径は、潜水深度にかかわらず、**1/2** インチと比較的**大き**いものを使用する。

答5
×
温水供給ホースの温水は、服内を**循環**し、その後、水中に**排出**されるしくみになっている。

答6
×
温水潜水服での温水供給量は、通常、作業者 1 名あたり毎分 **20**L 以上とされている。

答7
×
窒素酔い防止のための**窒素**分圧の上限 400kPa（高圧則 15 条）に、空気潜水で達するのは約 **40** mであるから、深度上限も **40** mである。

答8
○
潜水器の種類によって潜水を分類すると、**硬**式（**大気圧**）潜水と**軟**式（**環境圧**）潜水の 2 種類に分けられる。

答9
○
環境圧潜水は**軟**式潜水ともいう。潜水者による潜水の大部分は、**環境圧**（**軟式**）潜水である。

答10
○
環境圧潜水は、船上の空気圧縮機からホースを通して送気される**送気**式と、携行するボンベから給気する**自給気**式に分類される。

問1 スクーバ式潜水は、硬式潜水なので人体が直接水圧を受ける。

問2 送気式潜水には、送気の仕方によって、定量送気式と応需送気式がある。

問3 送気式潜水では、潜水者がボンベを携行することはない。

問4 ヘルメット式潜水は、金属製のヘルメットとゴム製の潜水服から成る潜水服を使用するが、操作は比較的簡単で、複雑な浮力調整は必要ない。

問5 ヘルメット式潜水は定量送気式の潜水方法であり、一般に船上のコンプレッサーによって送気されるので、比較的長時間の潜水が可能である。

問6 全面マスク式潜水は、レギュレーターを介して送気する定量送気式の潜水である。

問7 自給気式潜水で一般的に使用されている潜水器は、閉鎖回路型スクーバ式潜水器である。

問8 開放回路型スクーバ式潜水器は、潜水者の呼気を完全に循環させる方法である。

問9 スクーバ式潜水は、機動性に優れた潜水方式であるが、潜水者はさがり綱（潜降索）を必ず使用する。

問10 水中作業による事故には、送気式潜水の送気ホースが潜水作業船のスクリューに接触したり、巻き込まれて切断などすることがある。

答1 ×

スクーバ式潜水は、**軟式**（**環境圧**）潜水なので人体が直接水圧を受ける。

答2 ○

呼吸にかかわらず**常**時、**連続**的に、水深に応じた一定の呼吸ガスを送気する**定量**式と、呼吸に**応じ**て呼吸ガスが送気される**応需**式がある。

答3 ×

送気式潜水であっても、**安全**のために、ボンベを携行することが**ある**。

答4 ×

ヘルメット式潜水は、潜水器の送気・排気操作によって**浮力調整**を行うため、浮力調節が**複雑**で熟練が必要とされてい**る**。

答5 ○

呼吸ガス量に限りがある**自給気**式潜水と比べ、船上から送気が可能な**送気**式であるヘルメット式潜水は比較的**長**時間の潜水が可能である。

答6 ×

全面マスク式潜水は、顔面全体を覆うマスクに**デマンド**（**応需**）式潜水器を組み合わせた潜水器を使用する、**応需**送気式の潜水である。

答7 ×

自給気式潜水には、呼気の処理方法により**開放**回路型・**半閉鎖**回路型・**閉鎖**回路型があり、一般に使用されているのは**開放**回路型である。

答8 ×

潜水者の呼気を完全に循環させるのは、**閉鎖**回路型である。開放回路型は、潜水者の呼気が直接水中へ**排出**される方法である。

答9 ○

高圧則33条1項は、潜水業務を行うときは、潜水方式を問わず、**さがり綱**（**潜降索**）を使用することを義務づけて**いる**。

答10 ○

予防のためには、①**スクリューカバー**を取り付ける、②**クラッチ固定**装置を設置する、などの方法がある。

潜水業務 ⑫

問1 潜水作業中は、海上衝突を予防するため、潜水作業船に下の図に示す国際信号書A旗板を掲揚する。

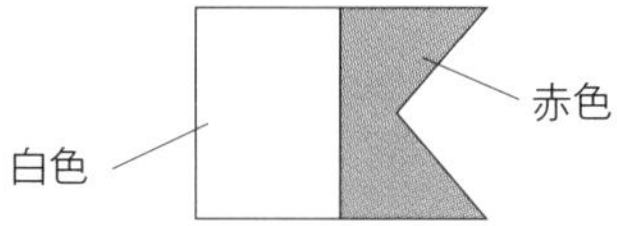

問2 水中での溶接・溶断作業では、ガス爆発の危険はないが、感電する危険がある。

問3 海中の生物による危険には、サンゴ、フジツボによる切り傷のほか、イモガイ類、ガンガゼなどによるかみ傷がある。

問4 視界の良いときより、海水が濁って視界の悪いときの方が、サメやシャチのような海の生物による危険性が高い。

問5 サメは海中に流れたわずかな血にも敏感に反応するから、ケガをしたままの状態で潜水を行うことは非常に危険である。

問6 潮流は、干潮と満潮がそれぞれ1日に通常1回ずつ起こることによって生じる。

問7 潮流は、湾口、水道、海峡などの狭く複雑な海岸線をもつ海域では弱くなり、開放的な海域では強くなる。

問8 潮流の速い水域での潜水作業は、減圧症が発生する危険性が高い。

問9 潮流の強い海域での潜水作業は、憩流《けいりゅう》の時間帯を避けて行うようにする。

答1
×
海上衝突予防法27条5項により、海上で潜水作業を行う場合には、海上衝突を回避するため、**青色**と**白色**の**国際信号書A旗板**を掲揚する。

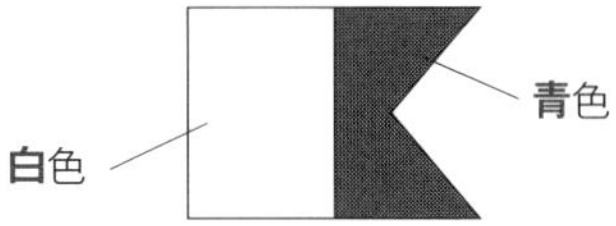

答2
×
水中での溶接・溶断作業では、作業時に発生した**ガス**が滞留し、発火ないし爆発する**ガス爆発**の危険も存在し、**鼓膜**を損傷することがある。

答3
×
イモガイ類、ガンガゼには**刺し**傷の危険性がある。かみ傷の危険があるのは、**サメ**、**タコ**、**ウツボ**、シャチなどである。

答4
○
サメは優れた感覚器官により、人が視覚を失う濁った海中でも周囲の状況を把握できるが、人は**サメ**の存在に気づきづらく、危険で**ある**。

答5
○
同様の理由から、**血**を流した状態の魚を持ったまま潜水を行うことも、**サメ**をおびき寄せる危険があるので、避けなければならない。

答6
×
干潮と満潮はそれぞれ1日に通常**2**回ずつ起こり、干潮→満潮に生じる**上げ**潮、満潮→干潮に生じる**下げ**潮を合わせて**潮流**という。

答7
×
潮流は、**湾口**、**水道**、**海峡**などの**狭く複雑**な海岸線をもつ海域では強くなり、**開放**的な海域では弱くなる。

答8
○
潮流が速いと、身体への負担が増加するとともに、**呼吸**量が増え、体内摂取**窒素**量も増加することを原因とする。

答9
×
上げ潮と下げ潮との間に生じる潮どまりを**憩流**といい、潮流の**強**い海域での潜水作業は、その時間帯に行うようにする。

潜水業務 ⑬

問1 潮流のある場所における水中作業で潜水者が潮流から受ける抵抗は、ヘルメット式潜水の方が全面マスク式潜水よりも大きい。

問2 潮流の速い水域でスクーバ式潜水を行う場合は、不測の事態に備えて命綱を使用する。

問3 送気式潜水では、潮流による抵抗がなるべく小さくなるよう、下の図のBに示すように送気ホースに適度なたるみをもたせるようにする。

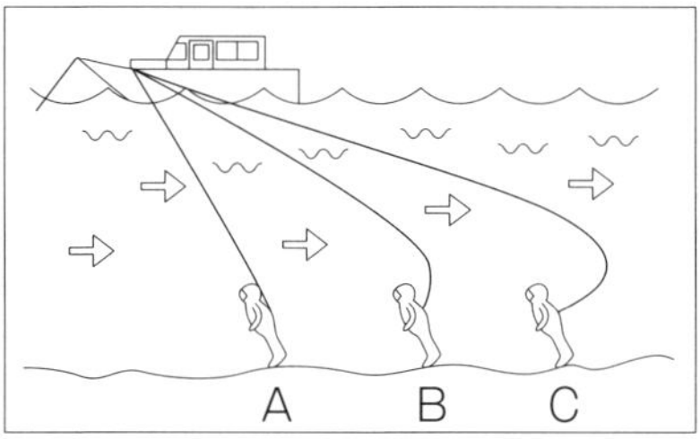

問4 潜水墜落は、潜水服内部の圧力と水圧の平衡が崩れ、内部の圧力が水圧より高くなったときに起こる。

問5 不適切なウエイトの装備および急激な潜降は、ヘルメット式潜水における潜水墜落の原因となる。

問6 潜水者への過剰な送気および潜水服のベルトの締付け不足は、ヘルメット式潜水における潜水墜落の原因となる。

問7 ヘルメット式潜水では、潜水者が頭部を胴体より下にする姿勢をとり、逆立ちの状態になったときに吹き上げを起こすことがある。

問8 吹き上げはヘルメット式潜水でのみ起こり、送気式ではないスクーバ式潜水では吹き上げの危険性はない。

答1 ○
潮流による抵抗は、ヘルメット式潜水、全面マスク式潜水、スクーバ式潜水の順に**大き**い。

答2 ○
スクーバ式潜水に限らず、いかなる潜水方式であっても、潮流の**速**い水域においては、自分の作業**限界**を定めておくことが重要である。

答3 ○
ホースがまっすぐ張りすぎると潜水者が引きずられ、**吹き上げ**事故につながる可能性があり（A)、緩みすぎると**抵抗**が大きくなる（C)。

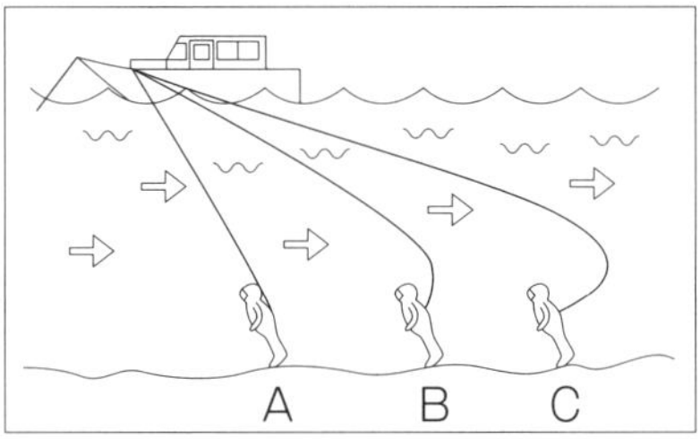

答4 ×
潜水墜落は、特に**ヘルメット**式潜水で多く起こり、潜水服内部の圧力と水圧の平衡が崩れ、内部の圧力が水圧より**低**くなったときに起こる。

答5 ○
ヘルメット式潜水における潜水墜落の原因としては他に、**吹き上げ**時の処理の失敗や**さがり綱**の不使用もある。

答6 ×
潜水者への過剰な送気および潜水服のベルトの締付け不足は、**吹き上げ**の原因となる。

答7 ○
ヘルメット式潜水器にキリップ（**排気**弁）が装備されているが、逆立ち状態になると**排気**弁の操作が不十分となり、**吹き上げ**の原因となる。

答8 ×
スクーバ式潜水においても、例えば**ドライ**スーツを着用時、内部に**空気**を蓄えることができるので、同様に**吹き上げ**の危険が存在する。

問1 吹き上げは、潜水服内部の圧力と水圧の平衡が崩れ、内部の圧力が水圧より高くなったときに起こる。

問2 ヘルメット式潜水において、深度を変える際に、船上と連絡を取り合うことは、吹き上げを予防するために有効な対策となる。

問3 送気式潜水では、水中拘束を予防するため、障害物を通過するときは周囲を回ったり、下をくぐり抜けるようにし、上を越えないようにする。

問4 送気ホースを使用しないスクーバ式潜水であっても、水中拘束のおそれがある。

問5 沈船、洞窟など狭い場所に入る場合、ガイドロープは、潜水器などに絡みつき、水中拘束のおそれがあるから、使用してはならない。

問6 救助に向かうことのできる潜水者（スタンバイダイバー）を待機させておくことは、水中拘束の予防策の一つになる。

問7 魚網の近くで潜水業務に従事するときは、水中拘束の危険を避けるため、水中ナイフを携行しない。

問8 水中拘束によって水中滞在時間が延長した場合であっても、当初の減圧時間をきちんと守った上で浮上する。

問9 気管支や肺にまで水が入り、窒息状態になって溺れる場合があるが、水が気管に入っただけでは呼吸止まることはない。

問10 スクーバ式潜水では、パニック状態から正常な判断ができなくなり、自らくわえている潜水器を外してしまい、溺れることがある。

答1 ○ 潜水墜落と吹き上げは逆の関係にあり、吹き上げは、潜水服内部の圧力が水圧より**高**くなったときに一気に水面に**浮上**することをいう。

答2 ○ 潜水者への過剰な**送気**は、ヘルメット式潜水における**吹き上げ**の要因の一つであるから、その予防策として有効である。

答3 × 送気式潜水では、**水中拘束**を予防するため、障害物を通過するときは周囲を回ったり、**下**をくぐり抜けず、その**上**を越えていくようにする。

答4 ○ 送気ホースを使用しないスクーバ式潜水であっても、**作業用ロープ**などが装備に絡まる可能性があり、**水中拘束**のおそれがある。

答5 × 沈船、洞窟など狭い場所では、進路を間違いやすく、溺死したり、障害物による水中拘束のおそれがあるので、**ガイドロープ**を使用する。

答6 ○ 水中拘束の予防策としてはほかに、障害物を通過するときは、その経路を記憶し、帰路も**同じ**経路をたどるようにすることなどもある。

答7 × 潜水中に**水中拘束**された場合に備え、潜水業務従事者には脱出用の**水中ナイフ**の携行が義務づけられている（高圧則 37 条 1 項・3 項）。

答8 × 水中拘束によって水中滞在時間が延長した場合、延長した時間に応じて減圧時間も**延長**し、万が一に備えて再圧室などの準備も行う。

答9 × 水が気管に入っただけで反射的に**呼吸**が停止し、**溺れ**ることがある。

答10 ○ 些細なトラブルや窒素酔いから**パニック**状態に陥り、潜水者自ら**潜水器**を外したり、**ボンベ**の空気を使い切るなどして**溺れ**ることがある。

潜水業務 ⑮

問1 ヘルメット式潜水の潜水業務従事者は、溺れを予防するため、救命胴衣またはBCを必ず着用する。

問2 山岳部のダムなど高所域での潜水では、海面よりも環境圧が高いため、通常よりも長い減圧時間を必要とする。

問3 河川での潜水では、流れが速いことから、素早く行動する必要があるため、装着する鉛錘（ウエイト）の重さは少ない方が良い。

問4 河口付近の水域は、一般に視界が悪いことが多いが、特に上流域で降雨があった場合には、水中視界がないに等しいことがある。

問5 淡水よりも海水の方が、わずかに浮力が大きいため、湖で行う潜水に比べて、海で行う潜水では、より多くのウエイトが必要となる。

問6 冷水域での潜水では、呼吸器のデマンドバルブ部分が凍結することがある。

問7 冷水中では、ドライスーツよりウエットスーツの方が体熱の損失が少ない。

問8 汚染のひどい水域では、スクーバ式潜水は不適当である。

問9 暗渠《あんきょ》内では、送気ホースが絡まって水中拘束となるおそれがあるため、送気式潜水を行ってはならない。

問10 暗渠内潜水は非常に危険であるため、潜水者には豊富な潜水経験、高度な潜水技術及び精神的な強さが必要とされる。

答1 ×

救命胴衣またはBCを必ず着用するのは、**スクーバ**式潜水である（高圧則37条2項・4項）。

答2 ×

山岳部のダムや湖沼など高所域での潜水では、標高が**高**く、海面よりも環境圧が**低**いため、通常よりも**長**い減圧時間を必要とする。

答3 ×

河川など流れが**速**い水域では、その**速**さに対応するため、装着する鉛錘（ウエイト）を**重**くしたり、**命綱**（**ライフライン**）を使用する必要がある。

答4 ○

河川においては、上流域で降雨があると、**土砂**が流入し、透明度が**悪**くなることから視界が**悪**化し、潜水の危険性が**増**す。

答5 ○

浮力を調整し、安定した状態で作業を行うためには、適正な重量の**鉛錘**（**ウエイト**）の使用が必要である。

答6 ○

予防のために、潜水呼吸器には**凍結防止**対策が施された潜水器を使用する。

答7 ×

冷水中では、身体と水が接する**ウエット**スーツより、身体と水の間に空気の層がある**ドライ**スーツの方が、体熱の損失が**少な**い。

答8 ○

汚染のひどい水域では、レギュレーターを口にくわえる**スクーバ**式より、汚染水を飲み込む危険が少ない**送気**式が適当である。

答9 ×

暗渠内では、**スクーバ**式潜水は脱出困難な場合に事故の危険が高いので、**送気**式潜水を行うことが好ましい。

答10 ○

沈没船内、洞窟などの暗渠内は、障害物等により直接浮上できないため、非常に危険であり、**技術**や**経験**、**精神的な強さ**を必要とする。

送気・潜降および浮上 ①

問1 潜水作業船に設置する固定式のコンプレッサーの空気取入口は、機関室の外に設置する。

問2 移動式コンプレッサーは、コンプレッサー、空気槽及び原動機を組み合わせ一体型にしたもので、重量100kg程度に小型・軽量化されている。

問3 コンプレッサーは、原動機で駆動され、ピストンを往復させてシリンダー内の空気を圧縮する構造となっている。

問4 スクーバ式潜水のボンベの充填に用いる高圧コンプレッサーの最高充填圧力は、30MPaが主流であるが、最近では40MPaの機種もある。

問5 コンプレッサーの圧縮効率は、圧力の上昇に伴い、増加する。

問6 ヘルメット式潜水の送気系統を示した下の図において、Aは安全弁、Bは調節用空気槽、Cは予備空気槽に当たる。

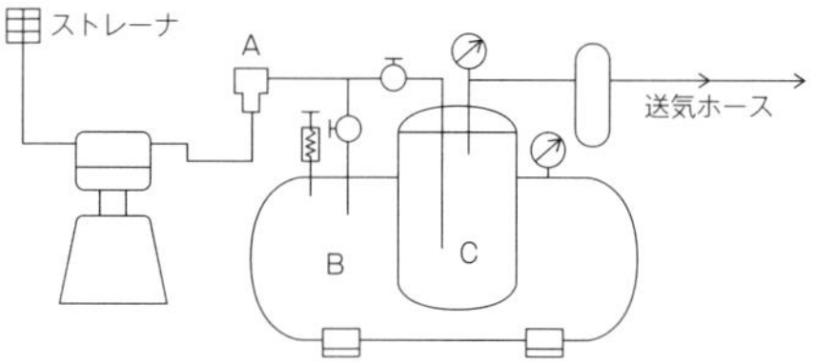

問7 全面マスク式潜水の送気系統を示した下の図において、Aはコンプレッサー、Bは調節用空気槽、Cは空気清浄装置に当たる。

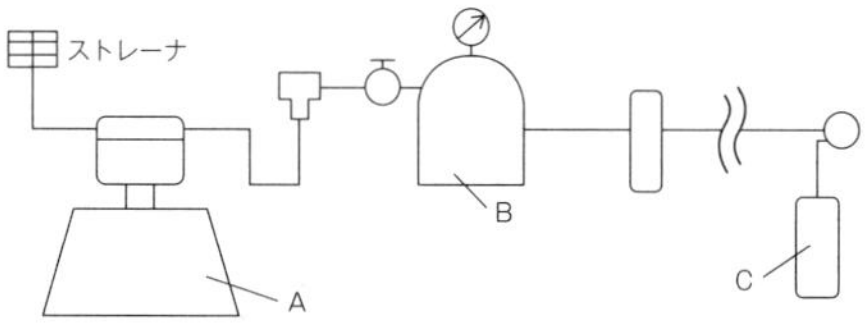

答1 ○

機関室内の排気ガスや油類の混入を防止し、新鮮な空気を取り込むため、固定式の**コンプレッサー**の空気取入口は、機関室の**外**に設置する。

答2 ○

移動式コンプレッサーは、主に陸岸から**近**い作業に使用されるものであり、**小型**・**軽量**化されているのが特徴である。

答3 ○

コンプレッサーは、エンジンやモーターなどの**原動機**で駆動され、ピストンの**往復**運動を利用して空気を圧縮する構造となっている。

答4 ×

大小さまざまな機種がある高圧コンプレッサーの最高充填圧力は、**20**MPa が主流であるが、最近では **30**MPa の機種もある。

答5 ×

圧縮効率とは、圧縮空気の製造量の計算値と実際の製造量の比率をいう。コンプレッサーの**圧縮効率**は、圧力の上昇に伴い、**低下**する。

答6 ×

ヘルメット式潜水の送気系統において、A は**逆止弁**、B は**予備空気槽**、C は**調節用空気槽**である。

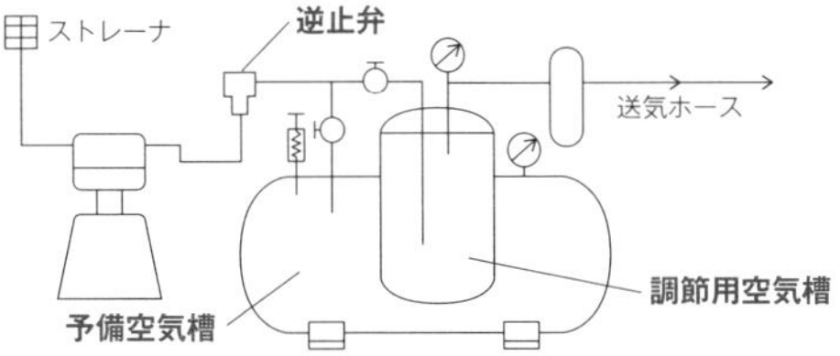

答7 ×

全面マスク式潜水の送気系統において、A は**コンプレッサー**、B は**調節用空気槽**、C は**予備ボンベ**である。

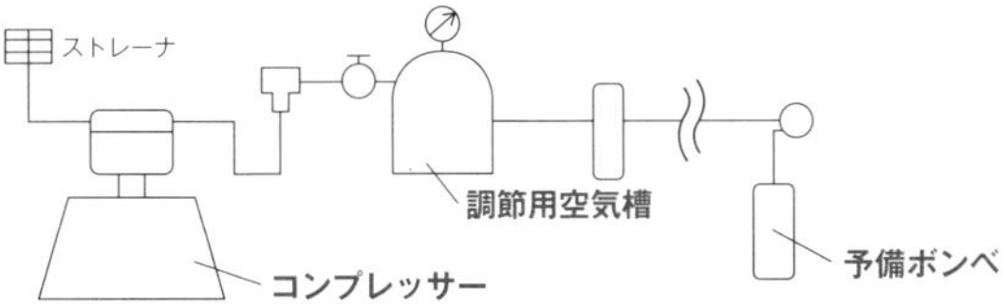

送気・潜降および浮上 ②

問1 送気式潜水において、コンプレッサーから送られる圧縮空気は、脈流になって送られてくるが、調節用空気槽により緩和される。

問2 送気式潜水における予備空気槽は、送気に含まれる水分や油分を分離する機能を持っている。

問3 送気式潜水における予備空気槽は、調節用空気槽とは必ず独立して設けられる。

問4 送気式潜水において、作業開始前に、逆止弁や安全弁、ストップバルブ等を点検して、空気漏れの有無を確認する。

問5 送気式潜水の作業終了後は、空気槽内の汚物を圧縮空気と一緒にドレーンコックから排出させる。

問6 送気式潜水の作業終了後、調節用空気槽は、内部に0.1MPa（ゲージ圧力）程度の空気を残すようにしておく。

問7 潜水開始前に、予備空気槽内の圧力がその日の最高潜水深度の圧力の2倍以上になっていることを確認しなければならない。

問8 流量計は、コンプレッサーと調節用空気槽との間に配置され、潜水作業者に送られる空気量を測る計器である。

問9 フェルトを使用した空気清浄装置は、潜水作業者に送る圧縮空気に含まれる水分と油分のほか、二酸化炭素と一酸化炭素を除去する。

問10 全面マスク式潜水など、圧力調整器（レギュレーター）を用いる場合、流量計の設置が義務づけられている。

答1 ○

脈流とは、流れが一定ではなく波がある状態をいう。空気圧縮機からの断続的な**脈流**である圧縮空気が、**調節**用空気槽により整えられる。

答2 ×

送気に含まれる**水**分（凝結水など）や**油**分（潤滑油など）を分離する機能を持っているのは、**調節**用空気槽である。

答3 ×

調節用空気槽の容量が、**予備**空気槽の基準に適合するほど十分に**大き**い場合は、**予備**空気槽は別個に設ける必要**はない**（高圧則８条３項）。

答4 ○

なお、逆止弁やストップバルブ等を点検して、空気漏れの有無を確認することは、作業**開始前**のみならず、作業**終了後**にも行う。

答5 ○

作業**開始前**と**終了後**に、空気槽内の汚物（**水**分・**油**分）を圧縮空気と一緒にドレーンコックから排出させる。

答6 ×

作業終了後、**調節用**空気槽内に残った圧縮空気は、槽内の腐食および汚染防止のため、全て完全にドレーンコックから**排出**させる。

答7 ×

予備空気槽内の圧力は、その日の最高潜水深度の圧力の **1.5** 倍以上でなければならない（高圧則８条２項１号）。

答8 ×

流量計は、**空気清浄装置**と**送気ホース**の間に配置される。

答9 ×

清浄材にフェルトを使用する空気清浄装置では、**二酸化炭素**や**一酸化炭素**は除去されない。**水分**や**油分**、臭気などの除去を目的とする。

答10 ×

全面マスク式潜水など、圧力調整器（レギュレーター）を用いる場合に設置が義務づけられているのは**圧力計**である（高圧則９条）。

送気・潜降および浮上 ③

問1 全面マスク式潜水では、通常、送気ホースは、呼び径が 13mm のものが使われている。

問2 送気ホースは、始業前に、ホースの最先端を閉じ、最大使用圧力以上の圧力をかけて、耐圧性と空気漏れの有無を点検、確認する。

問3 下図はヘルメット式潜水のヘルメットであるが、A の部分はシコロで、潜水服の襟ゴム部分に取り付け、押え金と蝶ねじで固定する。

問4 下図はヘルメット式潜水のヘルメットであるが、B はイヤーマフで、海底での作業中の騒音から耳を保護する。

問5 下図はヘルメット式潜水のヘルメットであるが、C は送気ホース取付部であり、送気された空気が逆流しないよう、逆止弁が設けられている。

問6 下図はヘルメット式潜水のヘルメットであるが、D はドレーンコックであり、吹き上げの恐れがある場合など緊急の排気をする際に使用する。

斜め前から見たところ

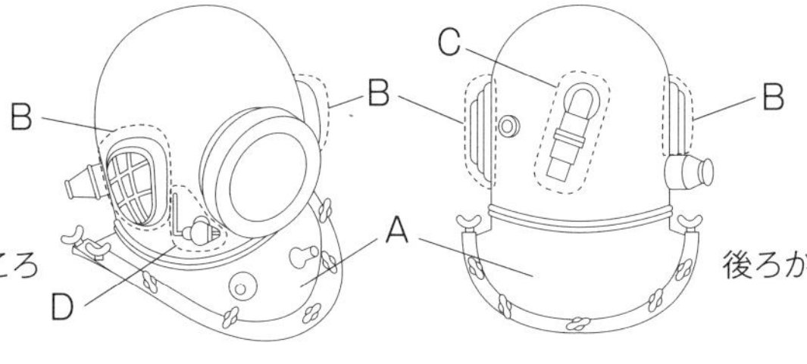

後ろから見たところ

問7 ヘルメット式潜水のヘルメットの排気弁は、潜水作業者が自分の頭部を使って操作し、余剰空気や呼気を排出する。

問8 ヘルメット式潜水においては、潜水服内の空気が下半身に入り込むことを防ぐため、腰部をベルトで締め付ける。

答1 ×

全面マスク式では、通常、呼び径が**8**mm の送気ホースが使われる。**13**mm のものは、より多くの送気を必要とするヘルメット式で使われる。

答2 ○

送気ホースは、**作業開始前**に、問題文の内容の**耐圧テスト**を行う。

答3 ○

シコロは別名**かぶと台**ともいう。

答4 ×

B は**側面窓**である。側面窓は、ヘルメット両側面に設けられた**ガラス窓**で、**ガラス**破損防止用に**格子**が取り付けられている。

答5 ○

ヘルメット式潜水のヘルメットには、送気ホース取付口に**逆止弁**が組み込まれている。

答6 ×

ドレーンコックは、潜水作業者が**唾**などをヘルメットの外へ**排出**する際に使用する。

A：**シコロ**

B：**側面窓**

C：**送気ホース取り付け部**

D：ドレーンコック

答7 ○

ヘルメットの排気弁は「キリップ」とも呼ばれ、**浮力調整**のため、**余剰空気**や**呼気**を排出する弁である。

答8 ○

潜水服内の空気が**下**半身に入り込み**逆立ち**状態になり、**吹き上げ**のおそれがあるため、腰部を**ベルト**で締め付ける。

送気・潜降および浮上 ④

問1 全面マスク式潜水では、ヘルメット式潜水器に比べて多くの送気量が必要となる。

問2 全面マスク式潜水器のマスク内には、口と鼻を覆う口鼻マスクが取り付けられ、潜水作業者は、この口鼻マスクを介して給気を受ける。

問3 全面マスク式潜水では、水中電話機のマイクロホンは口鼻マスク部に取り付けられる。

問4 全面マスク式潜水器には、全面マスクにスクーバ用のセカンドステージレギュレーターを取り付ける簡易なタイプがある。

問5 混合ガス潜水に使われる全面マスク式潜水器は、ヘルメットタイプのみである。

問6 毎分20Lの呼吸を行う潜水作業者が、水深20 mにおいて、内容積16L、空気圧力20MPa（ゲージ圧力）の空気ボンベを使用してスクーバ式潜水によって潜水業務を行う場合の潜水可能時間は40分である。ただし、空気ボンベの残圧が5MPa（ゲージ圧力）になったら浮上するものとする。

問7 スクーバ式潜水のボンベには、クロムモリブデン鋼等の鋼合金で製造されたスチールボンベと、アルミ合金で製造されたアルミボンベがある。

問8 スクーバ式潜水のボンベは、耐圧、衝撃、気密などの検査が行われ、最高充填圧力などが刻印されている。

答1 ×

ヘルメット式潜水器では**ヘルメット**内を新鮮な空気に保つため、換気が必要であるが、**全面マスク**式潜水器は、呼吸分の空気のみで足りる。

答2 ○

全面マスク式潜水器は、**口鼻マスク**があるため、スクーバ式ないしフーカー式潜水のように**マウスピース**をくわえる必要がない利点がある。

答3 ○

全面マスク式潜水は**マウスピース**不要なので**水中電話**での通話が可能である。イヤホンは耳の**後ろ**付近に**ストラップ**を利用して固定する。

答4 ○

空気潜水で使われる全面マスク式潜水器は、専用の潜水呼吸器が組み込まれたタイプが一般的だが、問題文のような**簡易**タイプもある。

答5 ×

混合ガス潜水に使われる全面マスク式潜水器は、ヘルメットタイプの他に、**バンドマスク**タイプがある。

答6 ○

①潜水者が使用できる空気量を算出する。「空気ボンベの残圧が 5MPa（ゲージ圧力）になったら浮上する」ことから、使用可能圧力は、20 − 5 = **15**MPa である。大気圧下（0.1MPa）で、内容積 16L、空気圧力 15MPa のボンベの使用可能空気量は、ボイルの法則（$P_1V_1 = P_2V_2$）より、$0.1V_1 = 15 \times 16 =$ **2400**L となる。②潜水者の空気消費量は、毎分 20L を水深 20 m（**3**atm（絶対気圧））なので、20 × 3=**60**（L/ 分）。③潜水可能時間は①÷②より、**40** 分と導かれる。

答7 ○

クロムモリブデン鋼やマンガン鋼等の鋼合金は高圧に対する耐力があり、**アルミ合金**は軽量で錆びにくいという特性がある。

答8 ○

容器の見やすい箇所に、明瞭に、かつ消えないように、**最高充填圧力**や内容積などが刻印される必要がある。

問1 スクーバ式潜水のボンベのうち、空気専用ボンベは、表面積の1/3以上がねずみ色に塗色されている。

問2 スクーバ式潜水のボンベは、使用後十分に水洗いをし、外観にサビの発生や傷、破損の有無を確認の上、内部に空気を残さないよう保管する。

問3 スクーバ式潜水の圧力調整器は、ファーストステージ（第1段減圧部）と、セカンドステージ（第2段減圧部）によって構成されている。

問4 スクーバ式潜水の圧力調整器は、始業前に、ボンベから送気した空気の漏れがないか、呼吸がスムーズに行えるか、などを点検する。

問5 ボンベへの圧力調整器の取り付けは、ファーストステージのヨークをボンベのバルブ上部にはめ込み、ヨークスクリューで固定する。

問6 スクーバ式潜水の残圧計には、圧力調整器の第2段減圧部からボンベの高圧空気が高圧ホースを通して送られ、ボンベ内の圧力が表示される。

問7 スクーバ式潜水の残圧計は、正確に読む必要があるため、顔を近づけて、針に対して正面向きで見るようにする。

問8 残圧計の目盛りは最大34MPa程度で、4～5MPa以下の目盛り帯は赤塗りされていることがある。

問9 スクーバ式潜水におけるウエットスーツには、レギュレーターから空気を入れる給気弁と、スーツ内の余剰空気を排出する排気弁がある。

問10 スクーバ式潜水の面マスクは、ストラップをかけた状態で、顔にマスクを押し付けて鼻から呼吸を行い、漏れがないものを使用する。

答1 ×
ボンベは、充填間違いを防ぐため、ガスの種別ごとに塗色され、空気専用ボンベは、表面積の **1/2** 以上が**ねずみ**色に塗色されている。

答2 ×
ボンベは、水の侵入防止のため、**1** MPa 程度の空気を**残した**状態で保管する。また、**炎天下**に放置しないことにも注意する。

答3 ○
ファーストステージは高圧空気を **1** MPa（ゲージ圧力）前後まで減圧し、セカンドステージはさらに**潜水深度**の圧力まで減圧する。

答4 ○
①ボンベのバルブを開けて、送気した空気の漏れがないかを、②**マウスピース**をくわえて呼吸し、異常の有無を、それぞれ確認する。

答5 ○
ヨークは接続部のことで、**ヨークスクリュー**は締め付けられるようになっているねじである。

答6 ×
空気残量を把握するための残圧計には、圧力調整器の**ファーストステージ**から、ボンベの高圧空気が**高**圧ホースを通して送られる。

答7 ×
残圧計には高圧空気が内部に入ってきて、破裂等の危険があることから、顔をなるべく近づけ**ず**、ゲージの針は**斜め**に見るようにする。

答8 ○
なお、残圧計と**水深**計とを組み合わせたコンボゲージもよく使用される。

答9 ×
給気弁と排気弁がついているのはスクーバ式潜水で使用する**ドライ**スーツである。ドライスーツは完全水密構造で、**保温**性に優れている。

答10 ×
面マスクは顔との**密着**性が重要なので、ストラップをかけ**ない**状態で、顔にマスクを押し付けて鼻から呼吸を行い、**漏れ**の有無を確認する。

送気・潜降および浮上 ⑥

問1 スクーバ式潜水で使用する足ひれで、つま先だけを差し込み、かかとをストラップで固定するものをフルフィットタイプという。

問2 BC は浮力調整具のことで、レギュレーターのファーストステージに接続した高圧ホースを介して空気袋が膨張して、浮力を得るものである。

問3 BC の浮力を増すには、インフレーターに付いているマウスピースをくわえて息を吹き込むパワーインフレーター機能による方法がある。

問4 潜降索（さがり綱）は、丈夫で耐候性のある素材で作られたロープで、太さ 1 ～ 2cm程度のものを使用する。

問5 潜降索（さがり綱）には、水深を示す目印として 1m ごとにマークをつけておかなければならない。

問6 水深計は、2 本の指針を備え、1 本が現在の水深を、もう 1 本が潜水中の最大深度を表示する方式のものが望ましい。

問7 水中時計には、現在時刻や潜水経過時間を表示するだけでなく、潜水深度の時間的経過の記録が可能なものもある。

問8 信号索は、水中電話があっても、故障などに備えて用意しておくことが望ましい。

問9 水中ナイフは、魚網が絡みつくなど、身体が拘束されてしまった場合の脱出用に必要である。

問10 水中ナイフは、スクーバ式潜水では携帯が義務づけられているが、送気式潜水では携帯の義務はない。

答1 ×

問題文の足ひれは、**オープンヒル**タイプである。**フルフィット**タイプは、ブーツを履いたままはめ込むタイプの足ひれである。

答2 ×

BC は、レギュレーターの**ファースト**ステージに接続した**中**圧ホースを介して**空気袋**が膨張して、**浮力**を得るものである。

答3 ×

インフレーターに付いているマウスピースをくわえて息を吹き込むのは**オーラルインフレーター**機能である。

答4 ○

さがり綱（潜降索）は、**潜降**および**浮上**の際に使用されるガイドロープで、潜水業務を行う際は、その使用が義務づけられている（高圧則 33 条）。

答5 ×

さがり綱には、浮上時の**減圧停止**の際の目安となるよう、**3**m ごとに木札又は布などでマークをつけておく必要がある（高圧則 33 条 2 項）。

答6 ○

上下運動の多い潜水作業においても最**大**潜水深度を把握できるよう、水深計は、**現在**の水深と潜水中の最**大**深度を表示できるものが良い。

答7 ○

潜水深度の**時間**的経過は、潜水プロフィールともいう。水中時計の進化により、自らの潜水行動を正確に把握できるようになっている。

答8 ○

信号索は、**水中電話**がある場合には携帯の義務は**ない**が（高圧則 37 条 1 項）、**水中電話**の故障等に備えて用意しておくことが望ましい。

答9 ○

水中ナイフは、**水中拘束**の状態から脱するために必要である。作業開始前には、**刃**の状態をよく確認しておく。

答10 ×

水中ナイフは、**送気**式潜水、**自給気**（**スクーバ**）式潜水のすべてに携行が義務づけられて**いる**（高圧則 37 条 1 項）。

送気・潜降および浮上 ⑦

問1 スクーバ式潜水において、船の舷から水面までの高さが１ｍを超えるときは、船の甲板などから足を先にして水中に飛び込まない。

問2 スクーバ式潜水では、船の舷から水面までの高さが１ｍのとき、片手でマスクを押さえながら足を先にして水中に飛び込んでも支障はない。

問3 スクーバ式潜水において、ウエットスーツを装着して岸から海に入る場合、少なくとも水が肩の高さになるまで歩いていく。

問4 スクーバ式潜水でBCを装着している場合、インフレーターを肩より上に上げ、排気ボタンを押して潜降を開始する。

問5 スクーバ式潜水の潜降開始時には、口にくわえたレギュレーターのマウスピースに空気を吹き込んでから呼吸を開始する。

問6 スクーバ式潜水の潜降において、耳の痛みを感じた時には、耳栓を使用して耳を保護し、潜水する。

問7 潜降中にマスク内に水が侵入してきた場合、深く息を吸い込んで、マスクの下端を顔に押し付け、鼻から息を出しマスクの上端から排水する。

問8 スクーバ式潜水の潜水中は、ボンベ内の呼吸ガスの消費を抑えるため、間欠的な呼吸であるスキップ・ブリージングを意識的に行う。

問9 スクーバ式潜水中の遊泳は、視界不良の場合、腕を前方に伸ばして障害物の有無を確認しながら行う。

問10 送気式潜水において、潜降を始める際には、潜水はしごなどで水面へと降りたら、まず頭部まで水中に沈んで潜水器の状態を確認する。

答1 ×

水面までの高さが **1.5** mを超えるときは、どのような形であれ水中に飛び込むのは危険である。**はしご**等を使って安全に入水する。

答2 ○

水面までの高さが **1.5** m以下であれば、問題文のようないわゆる**ステップイン**法で入水しても、支障はない。

答3 ×

水が肩の高さになるまで歩いていくのは、**ドライ**スーツを着用している場合である。ウエットスーツの場合は、水が**腰**の高さになるまで歩く。

答4 ○

排気ボタンを押すと、BC 内の空気が抜けていくことで**浮力**を失い、**潜降**がスタートする。

答5 ○

息を吹き込み、セカンドステージの**低圧室**と**マウスピース**内の水を排出する。

答6 ×

耳抜きが十分できない場合は、いったん止まって、**耳抜き**を行うか、無理せず潜降を**中止**する。耳栓は**圧外傷**の危険があるので使用**しない**。

答7 ×

潜降中にマスク内に浸水した場合、**深**く息を吸い込んで、マスクの**上**端を顔に押し付け、**鼻**から強く息を出し、マスクの**下**端から排水する。

答8 ×

スキップ・ブリージングは、呼吸ガスの消費を抑えるが、**炭酸ガス中毒**を引き起こすおそれがあるため、行って**はならない**。

答9 ○

スクーバ式潜水の潜水中は、通常、**両腕**を伸ばして**体**側につけて行うが、視界不良の場合は、問題文のとおりに行う。

答10 ○

すぐに潜降を始めて、**潜水器**その他装備品に問題がある場合、深刻な事故へと発展する可能性があるので、潜水器の状態の確認を必ず行う。

問1

送気式潜水において、さがり綱によって潜降するときは、さがり綱を両足の間に挟み、片手でさがり綱をつかむようにしながら徐々に潜降する。

問2

送気式潜水の潜降中は、潮流・波浪により送気ホースに突発的な力が加わるおそれがあるため、送気ホースを3回転腕に巻きつけておく。

問3

スクーバ式潜水において、浮上開始予定時間になったときや残圧計の針が警戒領域に入ったときは、浮上を開始する。

問4

リザーブバルブ付きボンベ使用時に、いったん空気が止まった場合は、リザーブバルブを引いて給気再開後、再び作業を開始する。

問5

スクーバ式潜水において、浮力調整具（BC）を装着している場合、インフレーターの排気ボタンが押せる状態で、顔を上に向けて浮上する。

問6

スクーバ式潜水において浮上する際は、なるべく体の回転を抑えながら真上に浮上する。

問7

潜水業務において、浮上速度は毎分20 m以下と定められている。

問8

スクーバ式潜水で浮上の際は、自分が排気した気泡を見ながら、その気泡を追い越さない速度を目安とする。

問9

水深が浅い場合は、救命胴衣によって速度を調整しながら浮上すると良い。

問10

バディブリージングは緊急避難の手段であり、危険が伴うので実際に行うには十分な訓練が必須であり、完全に技術を習得する必要がある。

答1 ○

たとえ熟練の潜水者であっても、**潜水墜落**などの危険回避のため、必ず問題文のような方法で**さがり綱**を使用して潜降する。

答2 ×

送気式潜水の潜降中は、潮流・波浪により**送気ホース**に突発的な力が加わるおそれがあるため、**送気ホース**を**1**回転だけ腕に巻きつけておく。

答3 ○

たとえ浮上開始予定時間に達していなくても、**残圧**計の針が警戒領域に入ったときは、浮上を**開始**する。

答4 ×

リザーブバルブ付きボンベの空気がいったん止まった場合は、リザーブバルブを引いて**給気**を再開したら、**浮上**を開始しなければならない。

答5 ○

インフレーターを肩より上に上げ、**排気**ボタンが押せる状態で、障害物の有無を確認するため、顔を**上**に向けて浮上する。

答6 ×

浮上中は周囲の障害物の有無を確認する必要があるため、体を**360°**緩やかに**回転させながら**浮上する。

答7 ×

潜水業務において、浮上速度は毎分**10** m以下と定められている（高圧則18条1項1号）。

答8 ○

毎分**10** m以下の浮上速度を正確に把握するのは難しいため、自分が排気した**気泡**を見ながら、その**気泡**を追い越さない速度を目安とする。

答9 ×

救命胴衣による浮上は、速度調整が困難であり、吹き上げの危険があるため、行って**はならない**。

答10 ○

1つの**セカンド**ステージをバディと交互に呼吸するバディブリージングは、**肺圧外傷**の危険が高く、訓練を受けた者でないと危険である。

問1
スクーバ式潜水の浮上において、無減圧の範囲にある場合であっても、水深３ｍ前後で、約５分間、浮上停止をすることが望ましい。

問2
ビュールマンのZH-L16モデルに関して、半飽和組織は、理論上の概念としての組織であり、特定の個々の組織を表すものではない。

問3
ビュールマンのZH-L16モデルにおける半飽和時間とは、ある組織に不活性ガスが半飽和するまでにかかる時間のことをいう。

問4
ビュールマンのZH-L16モデルでは、生体の組織を、半飽和時間の違いにより16の半飽和組織に分類し、不活性ガスの分圧を計算する。

問5
不活性ガスの半飽和時間が長い組織は血流が豊富であり、不活性ガスの半飽和時間が短い組織は血流が乏しい。

問6
全ての半飽和組織の半飽和時間は、ヘリウムより窒素の方が短い。

問7
Ｍ値とは、ある環境圧力に対して、労働者の身体が許容できるそれぞれの半飽和組織ごとの最大の不活性ガス分圧である。

問8
Ｍ値は、半飽和時間が長い組織ほど大きく、潜水者が潜っている深度が深くなるほど小さい。

問9
減圧計算で、半飽和組織のうち１つでも不活性ガスの分圧がＭ値を上回ったら、より深い深度で一定時間浮上停止するものとして再計算する。

問10
混合ガス潜水においては、窒素の分圧とヘリウムの分圧の合計が、窒素とヘリウムのＭ値の合成値を超えるように減圧を行う。

答1 ○

取り込まれた**窒素**の量が少なく、浮上停止を要しない**無減圧**潜水であっても、安全のため、水深 **3** m前後で、約 **5** 分間、浮上停止を行う。

答2 ○

半飽和組織は、**半飽和時間**の違いにより、生体組織を組織コンパートメント（身体区画）に分類した、理論上の概念である。

答3 ○

半飽和時間とは、**不活性ガス**（**窒素**）が組織に溶け込むことができる最大量の**半分**の量になるまでにかかる時間のことをいう。

答4 ○

ワークマン理論では９つの半飽和組織に分類したが、ビュールマンはより細かく **16** の半飽和組織に分類したのが特徴である。

答5 ×

血流が豊富な組織は、不活性ガスの吸収・排出速度が**早**い＝半飽和時間が**短**い。逆に血流が乏しい組織は、半飽和時間が**長**い。

答6 ×

ヘリウムは窒素より分子量が小さく、溶解速度が速い。窒素の半飽和時間は **5** ~ 635 分、ヘリウムは **1.88** ~ 239.623 分と設定されている。

答7 ○

減圧表は、不活性ガスの分圧がこの M 値を超えないように**浮上**速度を定めたものである。

答8 ×

M 値は、半飽和時間が長い組織ほど**小さ**く、潜水者が潜っている深度が深くなるほど**大き**い。

答9 ○

潜水者は、すべての**半飽和組織**が、すべての**深度**において、**M 値**を超えないように減圧スケジュールを求めなければならない。

答10 ×

混合ガス潜水では、**窒素**の分圧と**ヘリウム**の分圧を求め、その合計が、**窒素**と**ヘリウム**の M 値の**合成**値を超え**ない**ように減圧を行う。

送気・潜降および浮上 ⑩

問1 安全率を考慮し、安全率 1.1 でより安全な減圧を行う場合の換算 M 値は、換算 M 値＝ M 値 /1.1 により求める。

問2 前回の潜水による体内の残留ガスの影響を次の潜水で考慮しなければならない潜水を、繰り返し潜水という。

問3 繰り返し潜水で、作業終了後、次の作業まで水上で休憩する時間を十分に設けなかった場合には、次の作業における減圧時間がより短くなる。

問4 一般的に、160kPa を超えるような高い酸素分圧に長時間晒されると肺酸素中毒に罹《り》患する。

問5 肺酸素毒性量単位（UPTD）は、t ＝酸素への曝露時間、PO_2 ＝ t の平均酸素分圧（kPa）とすると、計算式「$t \times (PO_2 - 50/50)^{0.83}$」によって算出される。

問6 1UPTD は、100kPa（1 気圧）の酸素分圧に 5 分間曝露《ばくろ》されたときの肺酸素毒性単位である。

問7 1 日当たりの酸素許容最大被ばく量は、800UPTD である。

問8 1 週間当たりの酸素許容最大被ばく量は、2000CPTD である。

問9 酸素分圧は、原則として、180kPa 以上となるようにする。

問10 連日作業をする場合は、1 日当たりの酸素曝露量が平均化されるようにする。

答1
○
安全率は、どの程度の安全を求めるのかを数値で表すものであり、「換算 M 値＝**M 値 / 安全率**」により求められる。

答2
○
繰り返し潜水を行う場合は、**減圧症**のリスクを高めることから、潜水（滞底）時間を実際の**倍**にして計算するなど慎重な対応が必要で**ある**。

答3
×
繰り返し潜水で、作業終了後、次の作業まで水上で休憩する時間を十分に設けなかった場合には、次の作業における減圧の時間がより**長く**なる。

答4
×
酸素中毒には**急**性と**慢**性があるが、**慢**性酸素中毒である**肺**酸素中毒は、**50**kPa を超える程度の**低**い酸素分圧に曝露されたときに罹患する。

答5
○
肺酸素中毒予防のため、**肺**に対する酸素毒性を、計算式により数値で表すことで、酸素**分圧**と酸素への**曝露時間**を管理する必要がある。

答6
×
1UPTD は、**100**kPa（**1** 気圧）の酸素分圧に **1** 分間曝露されたときの肺酸素毒性単位である。

答7
×
1 日当たりの酸素許容最大被ばく量は、**600**UPTD である。

答8
×
1 週間当たりの酸素許容最大被ばく量は、**2500**CPTD である。

答9
×
酸素欠乏に陥らないようにするため、酸素分圧は原則 **18**kPa 以上 **160**kPa 以下と定められている（高圧則 15 条 1 号）。

答10
○
連日曝露による影響も考慮し、各日の**曝露量**が平均化されるようにする。

高気圧障害 ①

問1

心臓は左右の心室及び心房、すなわち４つの部屋に分かれている。

問2

末梢組織から二酸化炭素や老廃物を受け取った血液は、毛細血管から静脈を経由した後、大動脈を通って肺へと送り出される。

問3

心臓の右心房に戻った動脈血は、右心室から肺動脈を通って肺に送られ、そこでガス交換が行われる。

問4

肺でガス交換が行われ酸素を多く含んだ血液は、肺静脈を通って心臓へと入ってくる。

問5

心臓は、血液を全身に供給するためのポンプの役割を果たしており、安静時、毎分約 10L の血液を送り出す。

問6

大動脈の根元から出た冠動脈は、肺の表面を取り巻き、肺に酸素と栄養を供給する。

問7

左右の心室の間が卵円孔開存で通じていると、減圧障害を引き起こすおそれがある。

問8

下図中の血管Ａ～Ｄのうち、酸素を多く含んだ血液が流れる血管の組み合わせはＣ、Ｄである。

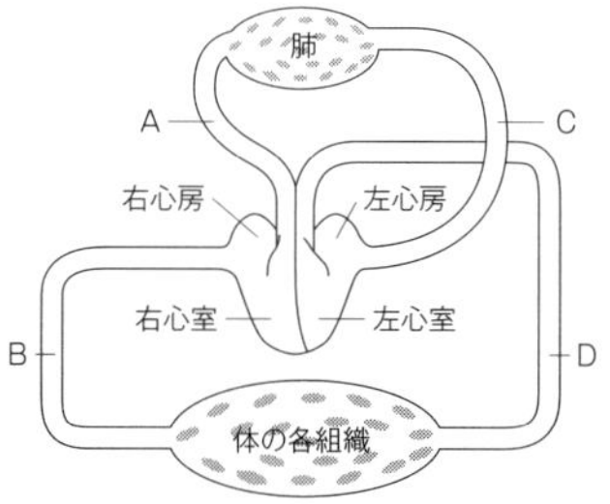

答1 ○
心臓は、肺から血液が入る**左心房**、血液を全身に送り出す**左心室**、全身からの血液が入る**右心房**、肺に血液を送り出す**右心室**からなる。

答2 ×
全身の血液は、毛細血管から静脈を経由した後、**大静脈**を通って心臓に戻る。なお、**大静脈**は**二酸化炭素**や**老廃物**を多く含んだ**静脈血**である。

答3 ×
心臓の右心房に戻るのは**二酸化炭素**や**老廃物**を多く含んだ**静脈血**である。

答4 ○
肺でのガス交換を経て酸素を多く含んだ**動脈血**は**肺静脈**を通って**左心房**へと入ってくる。

答5 ×
正しくは毎分約 **5**L である。心臓がこのようにポンプとして健全に働くためには、心臓自身にも酸素を多く必要とする。

答6 ×
冠動脈は、**心筋**を取り巻く動脈である。肺から出て酸素を多く含む**大動脈**の根元から分岐し、**心筋**に豊富な酸素を供給する。

答7 ×
卵円孔開存とは、左右の**心房**の間に開いた孔（**卵円孔**）が、出生後に呼吸を開始してもなお開存したまま残ることをいう。

答8 ○
A は静脈血が流れる**肺動脈**、B は静脈血が流れる**大静脈**、C は動脈血が流れる**肺静脈**、D は動脈血が流れる**大動脈**である。

高気圧障害 ②

問1 肺は、肺胞と胸膜の協調運動によって膨らんだり縮んだりして、空気を出し入れする。

問2 肺は、筋肉活動による胸郭の拡張により膨らむ。

問3 肺の表面と胸郭内側の面は、胸膜で覆われており、両者間の空間を胸膜腔という。

問4 肺呼吸は、血液中の酸素を取り入れ、空気中の二酸化炭素を排出するガス交換である。

問5 ガス交換は、肺胞及び気管で行われる。

問6 ガス交換に関与しない空間を死腔といい、潜水呼吸器を装着すると死腔は増加する。

問7 死腔が大きいほど、二酸化炭素蓄積が起こりやすい。

問8 潜水中は、呼吸ガスの密度が小さくなり呼吸抵抗が減るので、呼吸運動によって気道内を移動できる呼吸ガスの量は深度が増すと増加する。

問9 胸膜腔に気体が侵入し、気胸を生じると、胸郭が広がっても肺が膨らまなくなる。

問10 潜水によって生じる肺の過膨張は、浮上時に起こりやすい。

答1 ×

肺は、自ら膨らむ力はなく、呼吸筋の活動により**胸郭**が広がると**胸膜**も広がることで受動的に肺が膨らんだり縮んだりする。

答2 ○

胸式呼吸では、肋間筋の収縮という筋肉活動に伴い肋骨が挙上し、**胸郭**が広がる。それに伴い**胸膜**も広がり、受動的に**肺**が膨らむ。

答3 ○

肺の表面を覆う膜を臓側胸膜、胸郭内側の面を覆う膜を壁側胸膜といい、両者で囲まれた**密閉**空間を**胸膜腔**という。

答4 ×

肺呼吸は、**空気**中の酸素を取り入れ、**血液**中の二酸化炭素を排出する**ガス交換**である。

答5 ×

ガス交換は、**肺胞**及び**呼吸細気管支**で行われる。**呼吸細気管支**は、気管→気管支→細気管支から枝分かれし、**肺胞**へと至る。

答6 ○

潜水呼吸器はどのような機材でも死腔は**増加**するが、機材により大小はあり、**全面マスク**は大きな死腔ができる。

答7 ○

死腔が**大きい**ほど、肺の一番奥の**肺胞**まで空気が到達するのに努力が必要となり、**肺胞**での二酸化炭素排出が**少な**くなる。

答8 ×

潜水中は、呼吸ガスの密度が**高く**なり呼吸抵抗が**増す**ので、呼吸運動によって気道内を移動できる呼吸ガスの量は深度が増すと**減少**する。

答9 ○

通常、密閉状態の胸膜腔が破れ、気体が侵入することを**気胸**という。潜水中に**気胸**を起こすと、**肺**や**心臓**に重篤な障害を来すおそれがある。

答10 ○

肺に空気が入った状態で息を止めたまま**浮上**すると、ボイルの法則により、空気の容積は**膨張**し、行き過ぎると**過膨張**となる。

高気圧障害 ③

問1
神経系は、身体を環境に順応させたり動かしたりするために、身体の各部の動きや連携の統制をつかさどる。

問2
大脳皮質は、中枢としての働きを行う部分で、運動、感覚、記憶、視覚などの作用を支配する。

問3
小脳は、随意運動、平衡機能などの調整に関与しており、小脳がおかされると運動失調が生じる。

問4
神経系は、中枢神経と末梢神経に大別され、末梢神経のうち体性神経は交感神経と副交感神経からなる。

問5
脳神経は、脳から直接出る12対の末梢神経である。

問6
交感神経は、主として夜になると働きが活発になり、副交感神経は昼になると働きが活発になる。

問7
水の熱伝導率は、空気の約10倍であるので、水中では体温が奪われやすい。

問8
ドライスーツは、ウエットスーツに比べると保温力がある。

問9
体温は、代謝によって体内に生じる産熱と、人体と外部環境の温度差に基づく放熱のバランスによって保たれる。

問10
一般に、体温が36℃以下の状態を低体温症という。

答1　○
神経は、身体中の細胞や組織と連絡し合って、身体の動きや連携を**統制**している。

答2　○
中枢神経のうち、脳は、**大脳**、**小脳**、**脳幹**からなるが、大脳皮質はこのうちの**大脳**の表面に広がる**神経**細胞の薄い層を指す。

答3　○
小脳も**脳**の一つである。脳は特に多くのエネルギーを消費するため、脳への**酸素**供給が数**分**途絶えただけで修復困難なダメージを受ける。

答4　×
体性神経は**感覚**神経と**運動**神経からなる。交感神経と副交感神経からなるのは、**自律**神経である。

答5　○
末梢神経は、解剖学的に、**脳**と**脊髄**どちらの中枢神経から出ているのかに応じて、**脳**神経と**脊髄**神経に分類される。

答6　×
交感神経は、主として**昼**になると働きが活発になり、副交感神経は**夜**になると働きが活発になる。

答7　×
水の熱伝導率は空気の約 **25** 倍以上である。さらに水は、空気に比べて**比熱**もはるかに大きく、したがって、水中では体温が奪われ**やす**い。

答8　○
ドライスーツの方がウエットスーツより保温力があり、低水温の環境においても**長時間**潜水を行うことができる。

答9　○
水中では、産熱よりも放熱の方が**大き**いので、ウエットスーツやドライスーツなどの**潜水**服を着用して、そのバランスを保つようにする。

答10　×
一般に、体温が **35**℃以下の状態を低体温症という。低体温への対処の基本は**温める**ことである。

高気圧障害 ④

問1 水中で体温が低下すると、震え、意識の混濁や消失などを起こすが、死に至ることはない。

問2 減圧症は、潜水後に航空機に搭乗したり、高所移動などにより低圧に曝露された場合には発症することがある。

問3 減圧症は、通常、48 時間以内に発症するが、長時間潜水や飽和潜水では、48 時間以上経過後に発症することがある。

問4 減圧症は、関節の痛みなどを生じる比較的軽症なものと、脳·脊髄などがおかされる重症なものに大別されるが、重症な減圧症をベンズという。

問5 チョークスは、血液中に発生した気泡が、肺毛細血管を塞栓《そくせん》することによる重篤な肺減圧症である。

問6 減圧症は、若年者、最近手術や外傷を受けた人、水分過多の人が罹患しやすい。

問7 作業量の多い重筋作業の潜水は、減圧症に罹患しやすい。

問8 圧外傷は、深さ 5 m以上の場所での潜水に限り生じる。

問9 圧外傷は、潜降又は浮上いずれのときでも生じ、潜降時の圧外傷をブロック、浮上時の圧外傷をスクィーズと呼ぶ。

問10 潜降時の圧外傷は、主に、中耳腔、副鼻腔、面マスクの内部、潜水服と皮膚の間などで生じる。

答1 ×

体温が低下すると、まず、**筋肉**の緊張や**酸素**摂取量の増加が起こり、次に**震え**、意識の**混濁**や消失などを起こし、死に至ることも**ある**。

答2 ○

減圧症は、たとえ一定の浮上速度や浮上停止時間を遵守していても体内に**窒素**が溶解している状態であれば、起こる可能性が**ある**。

答3 ×

減圧症は、通常、**24**時間以内に発症するが、長時間潜水や飽和潜水では、**24**時間以上経過後に発症することがある。

答4 ×

ベンズは、減圧症の別称であり、重症を指すわけではない。軽症でも、**皮膚**のかゆみなどの減圧症に「**皮膚**のベンズ」ということがある。

答5 ○

チョークス（chokes）は「息が詰まる」という意味で、息切れ、息が詰まったような感じ、**呼吸困難**などが主な症状である。

答6 ×

減圧症は、**高齢**者、最近手術や**外傷**を受けた人、**脱水**症状の人が罹患しやすい。

答7 ○

運動強度の**強**い潜水では、**呼吸**量および**血流**量の増加に伴い、**窒素**摂取量も増加するため、減圧症のリスクを**高める**。

答8 ×

深さ**1**～**2**m程度の浅い場所での潜水でも、**不均等**に水圧がかかった場合には圧外傷を生じることが**ある**。

答9 ×

潜降時の圧外傷を**スクィーズ**（締め付け）、浮上時の圧外傷を**ブロック**と呼ぶ。

答10 ○

潜降時の圧外傷は、潜降による圧力変化のために体腔内の空気の体積が**減**ることで生じる。

高気圧障害 ⑤

問1
浮上時の圧外傷を防ぐためには、息を止めたまま浮上する。

問2
虫歯の処置後に再び虫歯となり、内部に密閉された空洞ができた場合、その部分で圧外傷を生じることがある。

問3
骨壊死と空気塞栓症は、圧外傷によって引き起こされる障害である。

問4
空気塞栓症は、肺胞の毛細血管に侵入した空気が、動脈系の末梢血管を閉塞することによって引き起こされる。

問5
空気塞栓症は、脳においてはほとんど認められず、ほぼ全て心臓において発症する。

問6
空気塞栓症は、一般的には、浮上から24時間以降経過後に、意識障害、痙攣《けいれん》発作などの重篤な症状を示す。

問7
副鼻腔の障害は、前頭洞、上顎洞などの副鼻腔と鼻腔を結ぶ管が塞がった状態で潜水すると起こるので、必ず耳抜きにより圧力調整を行う。

問8
副鼻腔の障害の症状には、額の周り、目・鼻の根部の傷み、鼻出血などある。

問9
通常は、耳管が開いているので、外耳道と中耳腔との間に圧力差はない。

問10
潜降すると、外耳道と中耳腔との間に圧力差が生じるため、耳が痛くなる。

答1 ×

浮上時の圧外傷を防ぐためには、息を止め**ず**、常に呼吸を**続け**ながら浮上する。

答2 ○

虫歯部分で圧外傷が起こると、浮上時には押し出されるような、潜降時には押し込められるような痛みを感じることがある。

答3 ×

空気塞栓症は急浮上等による肺の過膨張、ひいては**肺圧外傷**によって生じるが、骨壊死は原因不明ながら**減圧症**罹患者に多い障害である。

答4 ○

空気塞栓症は、**肺胞**の毛細血管に侵入した空気が**心臓**を介して移動し、脳内で**動**脈系の**末梢**血管を閉塞することにより引き起こされる。

答5 ×

空気塞栓症は、原因は明らかではないが**心臓**においてはほとんどなく、ほぼ全て**脳**において発症する。

答6 ×

空気塞栓症は、一般的には、浮上して**すぐ**に、**意識**障害、**痙攣**発作などの**重篤**な症状を示す。

答7 ×

副鼻腔は**鼻腔**と管でつながっているため、**炎症**などによって管が塞がった状態でない限り、**耳抜き**のような圧力調整をする必要はない。

答8 ○

ほかに、目・鼻の根部の**閉塞**感や、**眉間**部分の強い痛みなども症状の一つである。

答9 ×

中耳腔は、耳管によって**咽頭**と通じているが、耳管は通常は**閉じ**ており、唾を飲み込んだり、鼻をつまんでいきむと**開**口する。

答10 ○

潜降して**外耳道**に水が流れ込み、**鼓膜**を押し込むことで中耳腔の容積が**減少**すると、それを補うために中耳内壁が膨張し、耳が痛くなる。

問1 潜水における耳の障害の症状には、耳の痛みや閉塞感、難聴、めまいなどがある。

問2 潜降時、耳抜きが困難な場合に、無理に強く耳抜きを行うと内耳の圧外傷を生じることがある。

問3 風邪をひいたときは、炎症のため、咽喉や鼻の粘膜が腫れて、耳抜きがしにくくなることがある。

問4 エンジンの排気ガスが、空気圧縮機の送気やボンベ内の充填空気に混入した場合は、一酸化炭素中毒を起こすことがある。

問5 一酸化炭素中毒の症状には、頭痛、めまい、吐き気、嘔吐などがある。

問6 二酸化炭素中毒は、二酸化炭素が血液中の赤血球に含まれるヘモグロビンと強く結合し、酸素の運搬ができなくなることで起こる。

問7 ヘルメット式潜水では、ヘルメットに吐き出した呼気により、二酸化炭素濃度が高くなり、二酸化炭素中毒を引き起こすことがある。

問8 スクーバ式潜水においては、二酸化炭素中毒は起こらない。

問9 二酸化炭素中毒の症状には、頭痛、めまい、体のほてり、意識障害などがあり、酸素中毒や減圧症などにかかりやすくなるという作用もある。

問10 全面マスク式潜水では、口鼻マスクの装着が不十分な場合に、漏れ出た呼気ガスを再吸引することで、二酸化炭素中毒にかかることがある。

答1 ○
潜水時の耳の障害の症状は、鼓膜の**痛み**や**閉塞**感のほか、**難聴**を起こすこともある。また、水中で鼓膜が破裂すると**めまい**を生じることがある。

答2 ○
したがって、**耳抜き**が困難な場合は、無理に潜降せず、潜降を中止する。

答3 ○
咽喉や鼻の粘膜に炎症を起こすと、**耳管**の通りが悪くなる。耳抜きが上手くいかないまま潜降すると、**中耳圧外傷**、**内耳圧外傷**を生じうる。

答4 ○
空気圧縮機の**吸気**口に、エンジンの**排気**等が流入しないよう、設置場所には十分に注意しなければならない。

答5 ○
重い場合には**意識障害**、昏睡状態などがあり、死に至る場合もある。

答6 ×
血液中の赤血球に含まれるヘモグロビンと強く結合し、**酸**素の運搬ができなくなることで起こるのは、**一**酸化炭素中毒である。

答7 ○
したがって、ヘルメット式潜水では、二酸化炭素中毒を予防するため、十分な**送気**を行う必要がある。

答8 ×
スクーバ式潜水でも、意識的に**呼吸**を減らすなど、体内の二酸化炭素濃度が高くなると、二酸化炭素中毒が起こることが**ある**。

答9 ○
二酸化炭素の血管拡張作用により、血流が増大し、**窒素**や**酸素**の体内摂取量も増大するなどの原因で、**酸素**中毒や**減圧**症を引き起こす。

答10 ○
口鼻マスクの装着**不十分**もしくは**破損**などにより、**換気**能力が低下すると、**呼気**を再吸引することになり、二酸化炭素中毒となる。

高気圧障害 ⑦

問1 一般に、窒素分圧が0.8MPa前後になると、潜水作業者には窒素酔いの症状が現れる。

問2 窒素酔いになると、通常、気分が憂鬱となり、悲観的な考え方になる。

問3 窒素酔いが誘因となり、正しい判断ができないことによって重大な結果を招くことがある。

問4 飲酒、疲労、大きな作業量、不安などは、窒素酔いを起こしやすくする。

問5 深い潜水での窒素酔いの予防のためには、呼吸ガスとして、空気の代わりにヘリウムと酸素の混合ガスなどを使用する。

問6 酸素中毒は、中枢神経が冒される脳酸素中毒と、肺が冒される肺酸素中毒に大きく分けられる。

問7 脳酸素中毒は、50kPa程度の酸素分圧の呼吸ガスを、長時間呼吸したときに生じる。

問8 脳酸素中毒の症状には、吐き気、めまい、痙攣《けいれん》発作などがあり、特に痙攣発作が潜水中に起こると、多くの場合、致命的となる。

問9 肺酸素中毒は、肺活量の減少をはじめとする肺機能の低下をもたらし、最悪の場合、死に至る。

問10 呼吸ガスに二酸化炭素が多いと、酸素中毒が起こりにくい。

答1 ×

一般に、**深**い潜水において、**0.4**MPa 前後の**高**い分圧の窒素を吸うと、潜水作業者に窒素酔いの症状が現れる。

答2 ×

窒素酔いになると、個人差はあるが、通常、**愉快**な気分、**楽**観的、自信**過剰**になる。

答3 ○

窒素酔いにより**楽**観的になると、自ら**潜水器**を外す、**危険**な場所に近づくなど正常な判断ができなくなり、エア切れなどになりうる。

答4 ○

窒素酔いの要因に二酸化炭素の蓄積があるので、問題文のような二酸化炭素の蓄積を招く行為や症状は、窒素酔いにかかり**やす**くする。

答5 ○

窒素酔いを予防するためには、窒素のような麻酔作用のない**ヘリウム**と、**酸素**とを組み合わせた**混合**ガスを使用する。

答6 ○

酸素を過剰に摂取すると身体に悪影響を及ぼす。脳酸素中毒は**急**性の酸素中毒、肺酸素中毒は**慢**性の酸素中毒に当たる。

答7 ×

脳酸素中毒は、**140** ～ **160**kPa 程度の**高**い酸素分圧の呼吸ガスを、**短**時間呼吸したときに生じる。

答8 ○

脳酸素中毒は、吐き気、**めまい**、視野狭窄《きょうさく》、気分の変調などの症状を呈し、そのまま放置すれば**痙攣**発作に至り、大変危険である。

答9 ×

肺酸素中毒は、**肺活**量の減少や**ガス交換**機能低下などの**肺**機能の低下をもたらすが、直接生命に影響を及ぼすもので**はない**。

答10 ×

呼吸ガスに二酸化炭素が**多**いと、**呼吸**中枢を刺激するので**呼吸**の回数が増え、多くの**酸素**を取り込むことになり、**酸素**中毒が起こりやすい。

高気圧障害 ⑧

問1 潜水業務に従事する者は、一般健康診断のほか、主として高気圧障害に関する項目についての特別な健康診断を１年ごとに受ける必要がある。

問2 潜水作業者に対する健康診断では、四肢の運動機能検査、鼓膜･聴力の検査、肺活量の測定などを行う。

問3 潜水作業者に対する健康診断では、必要な場合、作業条件調査や肺換気機能検査などを行う。

問4 股関節、膝関節など骨壊死におかされやすい部位は、必要な場合、エックス線直接撮影を行う。

問5 胃炎及び貧血症は、医師が必要と認める期間、潜水業務に就業することが禁止される疾病に該当しない。

問6 アルコール中毒、免疫異常は、医師が必要と認める期間、潜水業務に就業することが禁止される疾病に該当する。

問7 白内障である者は、医師が必要と認める期間、潜水業務に就業することが禁止される。

問8 メニエル病や中耳炎にかかっている者は、医師が必要と認める期間、潜水業務に就業することが禁止される。

問9 ぜんそくやバセドー病にかかっている者は、医師が必要と認める期間、潜水業務に就業することが禁止される。

問10 減圧症の再圧治療が終了した後は、そのまま再潜水しても、減圧症を再発するおそれがない。

答1 ×
特別な健康診断を**6か月以内**ごとに受ける必要がある（高圧則38条1項）。

答2 ○
問題文の項目のほか、①**既往歴**等の調査、②耳鳴り等**自覚**・**他覚**症状の有無の検査、③**血圧**測定及び尿中の**糖**・**蛋白**《たんぱく》の有無の検査がある。

答3 ○
医師が必要と認めた場合は、**作業**条件調査や**肺換気**機能検査、**心電図**検査など追加の健康診断を受けなければならない（高圧則38条2項）。

答4 ○
医師が必要と認めた場合には、股関節、肩関節、膝関節など**骨壊死**におかされやすい**関節**部を対象とした**エックス線直接**撮影を行う。

答5 ×
胃炎は、医師が必要と認める期間、潜水業務に就業することが禁止される疾病に該当**しない**が、貧血症は、これに該当**する**（高圧則41条）。

答6 ×
アルコール中毒は、医師が必要と認める期間、潜水業務に就業することが禁止される疾病に該当**する**が、免疫異常は、これに該当**しない**。

答7 ×
白内障などの**目**の疾患は、医師が必要と認める期間、潜水業務に就業することが禁止される疾病に該当**しない**（高圧則41条）。

答8 ○
メニエル病や中耳炎など**耳管狭窄**《きょうさく》を伴う**耳**の疾患は、医師が必要と認める期間、潜水業務に就業することが禁止される疾病に該当**する**。

答9 ○
ぜんそく、**肥満**症、バセドー病など**代謝**や**栄養**の疾病は、医師が必要と認める期間、潜水業務に就業することが禁止される疾病に当た**る**。

答10 ×
減圧症の再圧治療が終了した後**しばらく**は、体内にまだ余分な**窒素**が残っており、そのまま再潜水すると減圧症を再発するおそれが**ある**。

高気圧障害 ⑨

問1 一次救命処置において、傷病者の反応の有無を確認し、反応がない場合には、大声で叫んで周囲の注意を喚起し、協力を求める。

問2 一次救命処置における気道確保は、頭部前屈あご先挙上法により行う。

問3 一次救命処置において、反応はないが普段通りの呼吸をしている傷病者は、回復体位をとらせて安静にした上、経過観察を行う。

問4 一次救命処置において、反応がなく、しゃくりあげるような途切れ途切れの呼吸がみられる傷病者は、最大2時間の経過観察を行う。

問5 一次救命処置に関し、胸と腹部の動きを観察し、上下に動いていない又はよく分からない場合には、心停止とみなし、心肺蘇《そ》生を開始する。

問6 胸骨圧迫と人工呼吸を行う場合は、胸骨圧迫10回に人工呼吸1回を繰り返す。

問7 胸骨圧迫は、胸が約5cm沈む強さで胸骨の上半分を圧迫し、1分間に少なくとも60回のテンポで行う。

問8 胸骨圧迫を行うときは、傷病者を柔らかい布団の上に寝かせて行う。

問9 気道が確保されていない状態で人工呼吸を行うと、吹き込んだ息が胃に流入し、胃が膨張して内容物が逆流し、気道閉塞を招くおそれがある。

問10 AED（自動体外式除細動器）を用いて救命処置を行う場合には、胸骨圧迫や人工呼吸は、一切行う必要がない。

答1 ○
反応の有無は、大きな声で呼びかけたり、肩を軽く叩くなどしてみて、**目**の開閉、声や目的をもった**動作**の有無があるかにより確認する。

答2 ×
気道確保は、仰向けにした後頭部を軽く**下**げ、あごを**上**方に押さえる、いわゆる頭部**後**屈**あご先**挙上法により行う。

答3 ○
呼吸の有無は、呼吸による、**胸**と**腹部**の上下運動の有無を最大 **10** 秒見ることにより確認する。

答4 ×
しゃくりあげるような途切れ途切れの呼吸がみられる場合は、**心停止**の直後にみられる**死戦期呼吸**と判断し、ただちに**心肺蘇生**を開始する。

答5 ○
呼吸の確認において、**胸**と**腹部**の上下運動がない場合のみならず、よく分からず判断に自信が持てない場合にも、**心肺蘇生**を開始する。

答6 ×
心肺蘇生は、**胸骨**圧迫 **30** 回に人工呼吸 **2** 回を交互に繰り返して行う。

答7 ×
胸骨圧迫は、胸が約 **5**cm 沈む強さで胸骨の**下**半分を圧迫し、1 分間に **100 ～ 120** 回の**速**いテンポで行う。

答8 ×
胸骨圧迫を行うときは、**柔らか**い布団・ベッドの上は効果が半減するので、**平ら**な**硬**い**床**の上に寝かせて行う。

答9 ○
人工呼吸は、必ず**気道**を確保して行う。技術と意思がない場合は、胸骨圧迫のみ行う。

答10 ×
AED を用いる場合でも、**電気ショック**を行った後や電気ショック不要の音声メッセージが流れた場合は、ただちに心肺蘇生を**再開**する。

関係法令 ①

問1 送気を調節するための空気槽は、潜水業務従事者2名以下ごとに1台設けなければならない。

問2 送気式潜水における予備空気槽内の空気圧力は、常時、最高の潜水深度に相当する圧力以上でなければならない。

問3 全面マスク式潜水において、最低限必要な予備空気槽の内容積 V（L）を求める式は、D は最高潜水深度（m）、P は予備空気槽内の空気圧力（MPa）とすると、以下のとおりである。

$$V = \frac{60 \times (0.03D + 0.4)}{P}$$

問4 送気を調節するための空気槽が予備空気槽の内容積等の基準に適合するものであるときは、予備空気槽を設けることを要しない。

問5 予備空気槽の内容積等の基準に適合する予備ボンベを潜水業務従事者に携行させるときは、予備空気槽を設けることを要しない。

問6 潜水業務従事者に圧力調整器を使用させる場合には、その水深の圧力下において毎分40L以上の送気を行うことができる空気圧縮機を使用する。

問7 潜水業務従事者に圧力調整器を使用させる場合には、送気圧を、その水深の圧力に0.8MPaを加えた値以上としなければならない。

問8 潜水業務従事者に圧力調整器を使用させない場合、その水深の圧力下において毎分60L以上の送気を行うことができる空気圧縮機を使用する。

問9 潜水業務従事者に圧力調整器を使用させる場合、送気圧を、その水深の圧力に0.7MPaを加えた値以上としなければならない。

答1 ×

送気式潜水において、**調節**空気槽も**予備**空気槽も、潜水業務従事者 **1** 人につき 1 台ずつ設けなければならない（高圧則 8 条 1 項）。

答2 ×

予備空気槽内の空気圧力は、**常**時、**最高**の潜水深度における圧力の **1.5** 倍以**上**でなければならない（高圧則 8 条 2 項 1 号）。

答3 ×

全面マスク式潜水は、「圧力調整器を使用**させ**て潜水業務を行う場合」に当たり、空気圧縮機の送気量の**少な**い係数で足りるので、予備空気槽の内容積は、以下の式によって求められる（高圧則 8 条 2 項 2 号）。

$$V = \frac{\mathbf{40} \times (0.03D + 0.4)}{P}$$

答4 ○

予備空気槽は原則必要で**ある**が、例外として、**調節**空気槽の内容積が**予備**空気槽を兼ねるほど**大き**い場合は省略**できる**（高圧則 8 条 3 項）。

答5 ○

緊急ボンベの容量が**予備**空気槽の基準に適合する場合にも、例外として、**予備**空気槽を省略**可能**である（高圧則 8 条 3 項）。

答6 ○

全面マスク式潜水など、圧力調整器《レギュレーター》を使用する場合、空気圧縮機は、問題文の基準の**送気**量を備えていなければならない（高圧則 28 条 2 項）。

答7 ×

圧力調整器を使用する場合、空気圧縮機の**送気圧**は、その水深圧力＋**0.7**MPa 以上でなければならない（高圧則 28 条 2 項）。

答8 ○

ヘルメット式潜水など、圧力調整器《レギュレーター》を使用しない場合、空気圧縮機は、問題文の基準の**送気**量を備えていなければならない（高圧則 28 条 1 項）。

答9 ○

また、潜水業務従事ごとに、その水深の圧力下において毎分 **40**L 以上送気することができる空気圧縮機を使用する（高圧則 28 条 2 項）。

関係法令 ②

問1 スクーバ式潜水では、潜降直前に、潜水業務従事者に対し、当該潜水業務に使用するボンベの現に有する給気能力を知らせなければならない。

問2 スクーバ式潜水においては、潜水業務従事者に異常がないかどうかを監視するための者を置かなければならない。

問3 圧力 0.5MPa 以上の気体を充填したボンベから給気を受ける場合は、2段以上の減圧方式による圧力調整器を潜水業務従事者に使用する。

問4 労働者を雇い入れたときは、その労働者に対し、原則、従事する業務の一定事項について、安全衛生教育を行わなければならない。

問5 労働者の作業内容を変更したとき、労働者に対し、原則、従事する業務の一定事項について、安全衛生教育を行わなければならない。

問6 特定の危険又は有害な業務に労働者をつかせるときは、その労働者に対し、原則、従事する業務の安全衛生について、特別教育を行う。

問7 水深 10 m未満の場所における潜水業務につかせるときは、特別の教育を行わなければならない。

問8 潜水作業者への送気の調節を行うためのバルブ又はコックを点検する業務に従事する労働者に対しては、特別教育を行う義務がある。

問9 再圧室を操作する業務に従事する労働者に対しては、特別教育を行う義務がある。

問10 潜水作業者への送気調節業務に従事する労働者に対して行う特別教育の教育事項には、送気設備の構造に関することが含まれる。

答1 ○

給気能力が不十分な場合、溺水事故を起こす可能性が高いため、潜降**直前**に、ボンベ残圧を知らせなければならない（高圧則 29 条 1 号）。

答2 ○

スクーバ式潜水では通常、水中電話を装備せず、緊急時の船上への連絡が難しいため**監視員**を配置する（高圧則 29 条 2 号）。

答3 ×

2 段以上の減圧方式による圧力調整器《レギュレーター》の使用義務があるのは、圧力 **1**MPa 以上の気体を充填したボンベから給気を受ける場合である。

答4 ○

潜水業務に限らず、事業者は、労働者に対して、**雇い入れ**時に安全衛生教育を行う義務がある（安衛法 59 条 1 項）。

答5 ○

潜水業務に限らず、事業者は、労働者に対して、**作業内容**の**変更**時に安全衛生教育を行う義務がある（安衛法 59 条 2 項）。

答6 ○

事業者は、労働者に対して、特定の**危険**又は**有害**な業務への就労時に、安全衛生の**特別**教育を行う義務がある（安衛法 59 条 3 項）。

答7 ×

水深にかかわらず、潜水業務のうちの特定の**危険**又は**有害**な業務への就労時に、安全衛生の**特別**教育を行う義務がある（安衛法 59 条 3 項）。

答8 ×

特別教育を受ける義務があるのは、潜水作業者への送気の調節を行うためのバルブ又はコックを**操作**する業務である（高圧則 11 条 4 号）。

答9 ○

再圧室を操作する業務には、潜水病など**救急**処置に関する再圧のみならず、**緊急浮上**時の再圧室による再減圧も含まれる。

答10 ×

送気設備の構造に関することは含まれてい**ない**（高圧則 11 条 2 項参照）。

問1 潜水作業者への送気調節業務に従事する労働者に対して行う特別教育の教育事項には、潜水業務に関する知識に関することが含まれる。

問2 潜水作業者への送気調節業務に従事する労働者に対して行う特別教育の教育事項には、空気圧縮機の運転に関する実技が含まれる。

問3 潜水作業者への送気調節業務に従事する労働者に対して行う特別教育の教育事項には、高気圧障害の知識に関することが含まれる。

問4 再圧室操作業務に従事する労働者に対して行う特別教育の教育事項には、救急蘇生法に関することが含まれる。

問5 再圧室操作業務に従事する労働者に対して行う特別教育の教育事項には、救急再圧法に関することは含まれない。

問6 再圧室操作業務に従事する労働者に対して行う特別教育の教育事項に含まれる実技は、再圧室の操作に関する実技のみである。

問7 特別教育の科目の全部又は一部について十分な知識及び技能を有していると認められる労働者については、当該科目の教育を省略可能である。

問8 特別の教育を行ったときは、その記録を作成し、これを5年間保存しなければならない。

問9 潜水業務において、潜水業務従事者の潜降速度は、毎分 10 m以下とするよう、法令上の定めがある。

問10 法令上、潜水深度が 10 m未満の潜水業務においては、さがり綱（潜降索）を使用させなければならない定めはない。

答1 ○
ほかに送気の調節の**実技**などが含まれている（高圧則 11 条 2 項）。

答2 ×
送気の調節の実技のみである（高圧則 11 条 2 項）。

答3 ○
ほかに**関係法令**などが含まれる（高圧則 11 条 2 項）。

答4 ○
ほかに**関係法令**などが含まれる（高圧則 11 条 2 項）。

答5 ×
救急再圧法に関することが含まれる（高圧則 11 条 2 項）。

答6 ×
再圧室の**操作**に関する実技と**救急蘇生**法に関する実技がある（高圧則 11 条 2 項）。

答7 ○
特別教育は、原則、高気圧業務特別教育規程に規定する科目等に基づいて実施されるが、**知識**・**技能**を有する場合は例外が認められる。

答8 ×
特別の教育を行ったときは、その記録を作成し、これを **3** 年間保存しなければならない（安衛則 38 条）。

答9 ×
法令上、潜降速度に関する特別な定め**はない**。

答10 ×
高圧則 33 条は、事業者は、潜水深度に関係**なく**、潜降・浮上のための**さがり綱**を備え、潜水業務従事者に**使用**させなければならないとする。

関係法令 ④

問1 潜水業務従事者の浮上速度は、事故のため緊急浮上させる場合を除いて、毎分 10 m以下としなければならない。

問2 緊急浮上後、潜水業務従事者を再圧室に入れて加圧する場合の加圧速度は、毎分 0.1MPa 以下の速度で行わなければならない。

問3 スクーバ式の潜水業務を行う場合、水中時計と信号索はともに、法令上、潜水前の点検が義務づけられている。

問4 スクーバ式の潜水業務を行う場合、送気管とさがり綱はともに、法令上、潜水前の点検が義務づけられている。

問5 スクーバ式の潜水業務を行う場合、潜水器と圧力調整器はともに、法令上、潜水前の点検が義務づけられている。

問6 送気式の潜水業務を行う場合、水深計と信号索はともに、法令上、潜水前の点検が義務づけられている。

問7 送気式の潜水業務を行う場合、潜水器とさがり綱はともに、法令上、潜水前の点検が義務づけられている。

問8 送気式の潜水業務を行う場合、圧力調整器と救命胴衣はともに、法令上、潜水前の点検が義務づけられている。

問9 送気式の潜水業務を行う場合、送気管は、法令上、潜水前の点検が義務づけられている。

問10 送気式潜水において、法令上、空気圧縮機は1か月に1回以上点検を行わなければならない。

答1
○
浮上速度は、原則、毎分 **10** m以下と定められている（高圧則 18 条 1 項）が、事故のため緊急浮上させる場合は例外である（同 32 条 1 項）。

答2
×
緊急浮上後、再圧室に入れて加圧する場合の加圧速度は毎分 **0.08**MPa 以下で行わなければならない（高圧則 32 条 3 項）。

答3
×
スクーバ式の潜水業務を行う場合、水中時計と信号索はともに、法令上、潜水前の点検が義務づけられてい**ない**（高圧則 34 条 1 項参照）。

答4
×
スクーバ式の潜水業務を行う場合、送気管とさがり綱はともに、法令上、潜水前の点検が義務づけられてい**ない**（高圧則 34 条 1 項参照）。

答5
○
スクーバ式の潜水業務を行う場合、潜水器と圧力調整器はともに、法令上、潜水前の点検が義務づけられてい**る**（高圧則 34 条 1 項 3 号）。

答6
×
送気式潜水において、**信号索**は、法令上、潜水前の点検が義務づけられているが、**水深計**はそのような義務はない（高圧則 34 条 1 項参照）。

答7
○
送気式の潜水業務を行う場合、潜水器とさがり綱はともに、法令上、潜水前の点検が義務づけられてい**る**（高圧則 34 条 1 項 1 号）。

答8
×
送気式潜水において、**圧力調整器**は、法令上、潜水前の点検が義務づけられているが、**救命胴衣**には義務はない（高圧則 34 条 1 項参照）。

答9
○
送気式の潜水業務を行う場合において、送気管は重要であり、法令上、潜水前の点検が義務づけられてい**る**（高圧則 34 条 1 項 1 号）。

答10
×
送気式潜水において、空気圧縮機は **1 週間**に 1 回以上点検を行わなければならない（高圧則 34 条 2 項）。

問1 送気式潜水において、法令上、送気する空気を清浄にするための装置は3か月に1回以上点検を行わなければならない。

問2 送気式潜水において、法令上、送気量を計るための流量計は6か月に1回以上点検を行わなければならない。

問3 潜水前に潜水器及び圧力調整器を点検した場合は、法令上、その都度、点検の概要を記録しなければならない。

問4 送気式潜水において3か月ごとに行う水中時計の点検の概要の記録は、法令上、5年間保存しなければならない。

問5 送気式及びスクーバ式による潜水業務を行うときは、いずれの場合も、法令上、潜水作業者2人以下ごとに1人の連絡員を配置する。

問6 連絡員は、法令上、送気の調節を行うためのバルブ又はコックを操作する業務の従事者と連絡して、潜水業務従事者に必要量の空気を送気させる。

問7 連絡員は、法令上、潜水業務従事者と連絡して、その者の浮上を適正に行わせると規定されるが、潜降を適正に行わせるとの規定はない。

問8 連絡員は、送気設備の故障その他の事故により、潜水業務従事者に危険又は健康障害の生ずるおそれのあるときは、速やかに送気員に連絡する。

問9 連絡員は、ヘルメット式潜水においては、法令上、潜降直前に潜水業務従事者のヘルメットがかぶと台に結合されているかどうかを確認する。

問10 送気式潜水で通話装置がある場合、法令上、水中時計、水深計、鋭利な刃物を携行しなければならない。

答1 ×
送気式潜水において、空気清浄装置及び水深計は**1か月**に1回以上点検を行わなければならない（高圧則34条2項）。

答2 ○
なお、スクーバ式潜水におけるボンベも、**6か月**に1回以上点検を行わなければならない（高圧則34条2項）。

答3 ○
送気式・スクーバ式潜水ともに、潜水**前**に**潜水器**及び**圧力調整器**の点検を行い、その**都度**、その概要を**記録**する（高圧則34条1項・3項）。

答4 ×
潜水作業設備・器具を潜水**前**点検及び**定期**点検した概要の記録の、法令上の保存期間は、**3**年間である（高圧則34条3項）。

答5 ×
法令上、潜水業務従事者**2**人以下ごとに1人の**連絡**員の配置が義務づけられているのは、**送気**式の潜水業務のみである（高圧則36条）。

答6 ○
法令上、**送気**員と連絡して、潜水業務従事者に必要な量の空気を送気させることは、連絡員の業務内容の一つである（高圧則36条2号）。

答7 ×
連絡員は、法令上、潜水**業務従事者**と連絡して、その者の**潜降**及び**浮上**を適正に行わせると規定されている（高圧則36条1号）。

答8 ×
事故等により、潜水業務従事者に危険又は健康障害の生ずるおそれのあるときは、速やかに**潜水業務従事者**に連絡をする（高圧則36条3号）。

答9 ○
ヘルメットの**結合**の不具合が原因の事故を防止するために、潜水業務従事者と**連絡員**のダブルチェックを義務づけている（高圧則36条4号）。

答10 ×
送気式潜水で通話装置がある場合、**鋭利な刃物**は携行しなければならないが、**水中時計**、**水深計**は携行する義務はない（高圧則37条1項）。

関係法令 ⑥

問1 送気式潜水で通話装置がない場合、法令上、信号索、水中時計、コンパス、鋭利な刃物を携行しなければならない。

問2 ボンベ（潜水業務従事者に携行させたボンベを除く）からの給気を受けて行う潜水業務で通話装置がある場合、信号索は、法令上、携行義務がある。

問3 潜水業務従事者に携行させたボンベからの給気を受けて行う潜水業務では、救命胴衣又は浮力調整具、水中時計は、法令上、携行する義務がある。

問4 潜水業務において、潜水作業者が吸入する酸素の分圧は、15kPa 未満であってはならない。

問5 潜水業務において、潜水作業者が吸入する酸素の分圧は、常に 160kPa を超えてはならない。

問6 潜水業務において、潜水作業者が吸入する窒素の分圧は、340kPa を超えてはならない。

問7 潜水業務において、潜水作業者が吸入する炭酸ガスの分圧は、0.5kPa を超えてはならない。

問8 潜水業務において、潜水作業者が吸入するヘリウムの分圧は、200kPa を超えてはならない。

問9 潜水業務に常時従事する労働者に行う高気圧業務健康診断において、血液中の尿酸量の検査の実施は、法令上、義務づけられていない。

問10 事業者は、潜降業務に常時従事する労働者に行う高気圧業務健康診断結果に基づいて、高気圧業務健康診断個人票を作成する義務がある。

答1 ×

送気式潜水で通話装置がない場合、**信号索**、**水中時計**、**鋭利な刃物**は携行の義務があるが、**コンパス**は、携行の義務はない（高圧則37条1項）。

答2 ×

ボンベ（潜水業務従事者に携行させたボンベを除く）から給気を受けるのは**送気**式潜水であり、通話装置が**あれば**、信号索の携行義務は**ない**。

答3 ○

スクーバ式潜水では、救命胴衣又は浮力調整具、水中時計のほか、**水深計**、**鋭利な刃物**も携行する義務がある（高圧則37条3項）。

答4 ×

潜水業務において、潜水作業者が吸入する酸素の分圧の下限は、酸素欠乏の防止のため、**18**kPaとされている（高圧則15条1項1号）。

答5 ×

酸素の分圧の上限は、原則**160**kPaであるが、**溺水**予防の措置をとっている場合は、例外として**220**kPaとなる（高圧則15条1項1号）。

答6 ×

潜水業務において、窒素酔い防止のため、潜水作業者が吸入する窒素の分圧の上限は、**400**kPaとされている（高圧則15条1項2号）。

答7 ○

炭酸ガス中毒の防止のため、炭酸ガスについても分圧の上限が定められている（高圧則15条1項3号）。

答8 ×

ヘリウムについては、潜水作業者が吸入するガス分圧の制限は定められてい**ない**（高圧則15条1項参照）。

答9 ○

血圧の測定や**尿**中の**糖**及び**蛋白**の有無の検査は義務づけられているが、血液中の尿酸量の検査は義務づけられてい**ない**（高圧則38条参照）。

答10 ○

事業者は、**雇入れ**時、**配置換え**時又は**定期**に行う高気圧業務健康診断結果に基づき、**高気圧業務健康診断個人票**を作成する（高圧則39条）。

問1 事業者は、高気圧業務健康診断個人票を3年間保存しなければならない。

問2 雇入れ時に健康診断を行った場合は、遅滞なく、高気圧業務健康診断結果報告書を所轄労働基準監督署長に提出しなければならない。

問3 高気圧業務健康診断の結果、異常の所見があると診断された労働者には、健康診断実施日から1か月以内に医師からの意見聴取を行う。

問4 事業者は、水深20m以上の場所における潜水業務を行うときは、再圧室を設置し、又は利用できるような措置を講じなければならない。

問5 再圧室については、法令上、設置時及び3か月を超えない期間ごとに一定の事項について点検しなければならない。

問6 電路の漏電の有無は、再圧室について、設置時に行う点検事項として、法令上、義務づけられている。

問7 主室と副室間の扉の異常は、再圧室について、設置時に行う点検事項として、法令上、義務づけられている。

問8 再圧室の内部に、危険物や高温となって可燃物の点火源となるおそれのある物を持ち込むことは、法令上、禁止されている。

問9 再圧室を使用するときは、再圧室の操作を行う者に、加圧及び減圧の状態その他異常の有無について常時監視させなければならない。

問10 再圧室は、出入りに必要な場合を除き、主室と副室の間の扉を閉じ、かつ、副室の圧力は主室の圧力よりも低く保たなければならない。

答1 ×

高気圧業務健康診断個人票の法令上の保存期間は、**5** 年間である（高圧則 39 条）。

答2 ×

遅滞なく、高気圧業務健康診断結果報告書を所轄**労働基準監督署長**に提出しなければならないのは**定期**の健康診断に限る（高圧則 40 条）。

答3 ×

異常の所見があると診断された労働者については、健康診断実施日から **3 か月**以内に**医師**からの意見聴取を行う（高圧則 39 条の 2 第 1 項 1 号）。

答4 ×

水深 **10**m 以上の場所における潜水業務を行う場合、**再圧室**を設置し、利用できるような措置を講じなければならない（高圧則 42 条 1 項等）。

答5 ×

再圧室については、**設置**時及び **1 か月**を超えない期間ごとに一定の事項について点検しなければならない（高圧則 45 条）。

答6 ○

再圧室について、法令上、点検が義務づけられている事項としては、他に**送**気設備及び**排**気設備の作動の状況などがある（高圧則 45 条）。

答7 ×

再圧室について、法令上、点検が義務づけられている事項に、主室と副室間の扉の異常は含まれてい**ない**（高圧則 45 条参照）。

答8 ○

ほかに、**発火**もしくは**爆発**のおそれのある物も、再圧室の内部に持ち込むことは禁止されている（高圧則 46 条）。

答9 ○

再圧室の使用時の規定として、ほかに「加圧を行うときは、**純酸素**を使用しないこと」などがある（高圧則 44 条 1 項 2 号）。

答10 ×

主室と副室それぞれ内部の圧力は**等し**く保たなければならない（高圧則 44 条 1 項 3 号）。

問1 再圧室を使用したときは、1週間を超えない期間内に、加圧及び減圧の状況を記録した書類を作成しなければならない。

問2 水深10 m未満での潜水業務については、潜水士免許は必要ではない。

問3 満20歳に満たない者は、潜水士免許を受けることができない。

問4 免許証を滅失又は損傷したときは、免許証再交付申請書を都道府県労働基準監督署長に提出して免許証の再交付を受けなければならない。

問5 潜水業務に現に就いている者が住所を変更したときは、免許証の書替えを受けなければならない。

問6 故意又は重大な過失により、潜水業務について重大な事故を発生させたときは、免許を取り消されることがある。

問7 潜水士の免許証を他人に譲渡し、又は貸与したときは、6か月を超えない範囲内の期間で免許証の効力を停止されることがある。

問8 免許の取消しの処分を受けた者は、3か月以内に、免許の取消しをした都道府県労働局長に免許証を返還しなければならない。

問9 潜水業務に用いる流量計は、法令上、厚生労働大臣が定める規格を具備しなければ、譲渡し、貸与し、又は設置してはならない。

問10 潜水器及び再圧室は、法令上、厚生労働大臣が定める規格を具備しなければ、譲渡し、貸与し、又は設置してはならない。

答1 ×

再圧室を使用したときは、**その都度**、加圧及び減圧の状況を記録した書類を作成しなければならない（高圧則 44 条 2 項）。

答2 ×

いかなる水深にかかわらず、潜水業務に就く者は、潜水士**免許**を受けていなければならない（高圧則 12 条）。

答3 ×

満 **18** 歳に満たない者には、免許試験に合格しても、潜水士**免許**は与えられない（高圧則 53 条）。

答4 ×

免許証を**滅失**又は**損傷**したときの、免許証再交付申請書の提出先は都道府県**労働局長**である（安衛則 67 条 1 項）。

答5 ×

潜水業務に**現に就いている**者又は**就こうとす**る者が免許証の書替えを受ける必要があるのは、**氏名**を変更したときである（安衛則 67 条 2 項）。

答6 ○

故意又は**重大な過失**により重大な事故を発生させたときは、免許の**取消**し又は効力の**一時停止**処分を受けることがある（安衛法 74 条）。

答7 ○

潜水士の免許証を他人に譲渡し、又は貸与したときは、免許の**取消**し又は効力の**一時停止**の処分を受けることがある（安衛則 66 条 2 号等）。

答8 ×

免許の取消しの処分を受けた者は、**遅滞なく**、免許の取消しをした都道府県**労働局長**に免許証を**返還**しなければならない（安衛則 68 条 1 項）。

答9 ×

流量計は、法令上、厚生労働大臣が定める規格を具備しなければ、譲渡し、貸与し、又は設置してはならない器具に当た**らない**。

答10 ○

なお、潜水器は、**ヘルメット**式潜水の**ヘルメット**式潜水器のみを指し、**全面マスク**式及び**スクーバ**式の潜水器は、これに含まれない。

本書の正誤情報や法改正情報等は、下記のアドレスでご確認ください。
http://www.s-henshu.info/senyy2303/

上記掲載以外の箇所で正誤についてお気づきの場合は、**書名・発行日・質問事項（該当ページ・行数・問題番号**などと**誤りだと思う理由**）**・氏名・連絡先**を明記のうえ、お問い合わせください。

・web からのお問い合わせ：上記アドレス内【正誤情報】へ
・郵便または FAX でのお問い合わせ：下記住所または FAX 番号へ

※電話でのお問い合わせはお受けできません。

[宛先] コンデックス情報研究所
「潜水士要点まとめ＋よく出る問題」係
住　　所：〒 359-0042 所沢市並木 3-1-9
FAX 番号：04-2995-4362（10:00 ～ 17:00　土日祝日を除く）

※**本書の正誤以外に関するご質問にはお答えいたしかねます**。また、受験指導などは行っておりません。
※ご質問の受付期限は、各試験日の 10 日前必着とします。
※回答日時の指定はできません。また、ご質問の内容によっては回答まで 10 日前後お時間をいただく場合があります。
あらかじめご了承ください。

■編著：コンデックス情報研究所
1990 年 6 月設立。法律・福祉・技術・教育分野において、書籍の企画・執筆・編集、大学および通信教育機関との共同教材開発を行っている研究者・実務家・編集者のグループ。

潜水士 要点まとめ+よく出る問題

2023年 4 月20日発行

編　著　コンデックス情報《じょうほう》研究所《けんきゅうしょ》
発行者　深見公子
発行所　成美堂出版
〒162-8445　東京都新宿区新小川町 1-7
電話(03)5206-8151　FAX(03)5206-8159
印　刷　大盛印刷株式会社

ISBN978-4-415-23548-6
落丁･乱丁などの不良本はお取り替えします
定価はカバーに表示してあります